LA PESCA DESDE ARENALES Y PLAYAS

D1717849

LA PESCA DEPORTIVA

LA PESCA DESDE ARENALES Y PLAYAS

Gonzalo Sánchez Agustí

TIKAL

Editora

Laura Salomó

Director de la colección

Carlos Thomas

Revisión de textos

Teresa Goizueta, Rudolf Ortega, Francesc Haro,
Darío Giménez, Núria Espín

Composición

Roger Costa-Pau, Meli Carranza
Julio P. Fernández, Brigitte Faucard,
Roger Fotocomposició (Figueres)

Diseño gráfico

Paniagua & Calleja

© Texto: Gonzalo Sánchez Agustí
© Fotografías: Carlos Thomas
© Susaeta Ediciones, SA
Tikal Ediciones
Plaza Romà Piera Arcal, 4, 3.º A
E-08330 Premià de Mar (Barcelona)
Tel.: 937 521 314
Fax: 937 523 141
tikal.susaeta@nexo.es
Impreso en la UE

*Agradecemos a la firma Calicó
la cesión de fotografías
para la elaboración de este libro.*

ÍNDICE

CAPÍTULO 4

El tiempo

CAPÍTULO 5

El material de pesca

CAPÍTULO 6

Nudos y cebos

CAPÍTULO 7

Métodos de pesca

CAPÍTULO 8

Los peces

CAPÍTULO 9

Espíritu deportivo

APÉNDICES

Especies protegidas y tallas mínimas de captura

Las cálidas aguas de las costas de la península Ibérica, limpias y transparentes, son lugar idóneo para todo tipo de deportes acuáticos y actividades ociosas en el mar. Entre ellas ocupa un lugar destacado cualquiera de las variedades de pesca, tanto profesional como deportiva. España, junto con Portugal, ha sido siempre un país marítimo y pesquero, como corresponde a una península. Tenemos un litoral peninsular de 5.031,1 km, a los que hay que unir 59,8 km del mar Menor. Igual o mayor tradición pesquera poseen las zonas insulares, Baleares y Canarias, con 2.664,1 km de costa.

Las posibilidades de las prácticas de recreo en sus muchas variantes (desde la costa, desde embarcación o submarina) son ampliamente conocidas y seguidas por los lugareños. Las siguen también numerosos veraneantes y turistas que masivamente acuden a disfrutar de la bonanza climática del Mediterráneo, y quienes prefieren pasar su merecido descanso en las orillas del Atlántico o el Cantábrico.

Estos ocasionales pescadores ponen un atractivo complemento a los baños de sol y mar y practican una fenomenal terapia contra el estrés, que sufren mayoritariamente los habitantes de las grandes y problemáticas urbes y aquellos cuyo ritmo vital marcha demasiado acelerado. Una cura sedante, natural, sana y barata contra todas esas enfermedades que tienen su origen en el vertiginoso vivir de hoy día y que, por desgracia, son mucho más frecuentes de lo que todos quisiéramos.

La pesca es un remedio físico, pero también espiritual, aunque muchas veces no nos demos cuenta, emanado de esa tranquilidad y sosiego en un marco de incomparable belleza, como es siempre el movimiento marino, en ocasiones acrecentado por la estética de la tierra colindante. Y continúa con la satisfacción humana que origina traer una pieza tras notar su mordida en nuestros aparejos, sentir sus vibraciones en nuestras manos y conseguir sacarla.

Una actividad que permite olvidar penas y sinsabores: una buena picada, convertida posteriormente en una buena captura, puede endulzar los amargores que la vida puede dar al pescador aficionado deportivo.

En estas líneas daremos cuenta de los principales lugares donde practicar la pesca en España, que son muchos y muy variados en todas las zonas ribereñas, tanto la mediterrá-nea como la atlántica o la cantábrica, tanto en el litoral peninsular como en el isleño.

Los trofeos pueden ir desde el pequeño sargo o herrera, para lo cual sirve un barato y sencillo hilo con una boya y anzuelo, a la pesca en alta mar de pez espada o marrajos, que alcanzan cuatro metros de longitud y 500 kg de peso, y que precisan, además, una embarcación potente y veloz, dotada de unos equipos especiales no precisamente baratos.

Una de las grandes virtudes de esta afición, como todas aquellas actividades en donde la suerte juega un papel fundamental, es que para

Todas las costas españolas constituyen excelentes lugares para la práctica de la pesca al lanzado, especialmente las mediterráneas y las del sur, en donde la bonanza climática y la elevada temperatura del agua del mar durante todo el año son factores muy positivos

obtener buenos resultados no es necesario ser un experto. Cuántas veces, como suele ocurrir en los juegos de cartas, el novato es quien más coge o logra la pieza mayor. Es la llamada «suerte del neófito».

Aunque sea un deporte cuya principal cualidad reside en el azar, es importante conocer ciertos aspectos técnicos y experiencias para un mejor resultado, pues la gracia del neófito sólo es fruto de un día. A pesar de que no siempre el éxito de la jornada se asegura con estos saberes, sí que la favorecen y sirven siempre para un mejor desarrollo de la misma: entender la topografía para elegir el lugar idóneo; tener conocimientos de meteorología para seleccionar el mes, el día y las horas oportunas; aprender algo de los movimientos de las aguas marinas; cómo pescar en aguas tranquilas o cómo hacerlo en movidas; distinguir cuáles son los vientos favorables y desfavorables; comprobar las lunas nuevas o los plenilunios, etc.

Imprescindible desde luego es acertar con los pertrechos más apropiados para el tipo de pesca que vayamos a realizar: la caña, el sedal, la cantidad de plomo, el tipo de carrete, el número de anzuelo, el tipo de cebo, etc.

Es muy importante el conocimiento de los distintos factores que influyen, como la vida de los peces, sus costumbres y alimentación, los agentes externos y el estado del mar.

Algún susto puede evitarse sabiendo qué animales pueden ser peligrosos al poseer radios venenosos, al ser capaces de producir urticaria, al realizar descargas eléctricas, por ser agresivos y mordedores...

Estos hechos son los que mostraremos en los párrafos siguientes, que componen este libro dedicado a la pesca desde la costa, en arenales o playa. Una actividad que, insisto, destaca por su tranquilidad, comodidad y facilidad técnica.

Incluso me gustaría decir, más que libro, tertulia, para quitar el carácter algo severo que siempre conlleva la primera palabra y, en cambio, añadir el carácter amistoso del segundo vocablo: las tertulias siempre fueron costumbre marinera, y también frecuentes las conversaciones entre pescadores de recreo. Al fin y al cabo, junto a la razón de aunar esfuerzos, la charla, el cambio de experiencias, la tertulia en una palabra, fueron los factores que promovieron en el siglo XIX la creación de los primeros clubes.

A veces encontrará en distintos sitios ideas repetidas, incluso literalmente. No es una incorrección o un olvido. Está hecho así a propósito. Suelo advertirlo con palabras como «recuerde», «insisto», «le vuelvo a decir», «una vez más hay que afirmar»...

Es como cuando estudiamos. Al fin y al cabo, para aprender algo lo que hacemos es leer, releer y repetir unas cuantas veces párrafos e ideas. En el estudio, e incluso fuera de él, muchas veces sin querer aprendemos algo porque lo hemos oído o leído más de una vez, y consciente o inconscientemente se nos queda en la memoria.

Ya verá que serán temas importantes y precisos, que es necesario conservar en su mente, como los ya citados animales peligrosos, junto con los otros pocos riesgos de esta actividad, los cuidados que debemos mantener para la conservación del ambiente marino y el entorno, las atenciones a nuestro equipo para que sea muy duradero, etc.

Tampoco se sorprenda de que más de una vez, después de una explicación, le diga que (de acuerdo con el dicho de que una imagen vale más que mil palabras) mire al dibujo porque lo aprenderá mejor con esta visión que con la lectura. Incluso en ocasiones hay acciones en la pesca que son más fáciles de hacer y de conocer viéndolo realizar que de explicar y entender por el relato. Le indicaré que, si es preciso, pida a un amigo experto o en su establecimiento habitual que se lo enseñen haciéndolo un par de veces delante de usted. Son como los nudos. En otras ocasiones, por ejemplo, si no sabe lanzar largo y a fondo, se lo explicaré, pero le recomendaré que acuda a alguna playa, puerto o espigón y observe cómo lo ejecuta un pescador experimentado.

Como se ha dicho, la pesca no profesional es un deporte cuya principal cualidad radica en el azar. Aunque los consejos y comentarios que aquí se hacen, o que pudieran hacerse en la tertulia de su club de pescadores, es lo que mayoritariamente suele ocurrir, esta actividad tiene ese encanto, entre mágico y misterioso, de que un día se nos dé bien con condiciones climáticas nefastas, un lugar poco apropiado, aparejos no demasiado idóneos y aguas a la contra.

Por desgracia, algunas veces, el misterio ocurre al contrario: un clima sensacional, un lugar afortunado, la hora justa, los aparejos ideales, las aguas recomendadas, los cebos precisos y los vientos favorables, y el día no sale como presumíamos.

Supongo que este libro o tertulia será útil al neófito, que encontrará oportunos consejos y conocimientos, y será entretenido para el avezado pescador desde la playa, que comparará su sapiencia y experiencias. Como tertulia, naturalmente podrá confirmar o disentir de algunas de las ideas expuestas, pues esta actividad recreativa no es una ciencia exacta ni se rige por reglas fijas e inamovibles.

Con estas líneas espero imbuirle del carácter deportivo que debe tener siempre la práctica pesquera no profesional. La lucha con el pez tiene que ser una contienda movida por el arte y la habilidad, no por trucos sucios, para lograr un producto aprovechable y no por afanes avariciosos de esquilmar los mares de sus habitantes naturales en un puro deseo asesino. Incluso debemos devolver vivos al mar las minitallas («pezqueñines no, gracias») y aquellos peces inaprovechables para comer o para usar como cebo vivo.

Deseo concienciarle de que debe ser un amante de la naturaleza y conservar pulcro el entorno donde realiza su afición, muchas veces de tal belleza que silenciosamente pide ser respetado y mantenido limpio. Si lo ensucia, el primer perjudicado será usted cuando vuelva a pescar en el mismo lugar.

No debe tirar basuras al mar. Es muy fácil recoger nuestros desperdicios en la propia bolsa de plástico que nos haya facilitado el comercio del ramo o la tienda de alimentación donde nos hayamos proveído de algo para beber o comer. Si existe algún desperdicio no producido por nosotros, no cuesta tanto recogerlo si queda sitio en la bolsa. Luego, en las playas siempre encontraremos alguna papelera donde depositarla.

Algunos de estos restos, como pan, pueden servir de alimento a los peces, pero hilos o chapas pueden causar su mortandad. Si se dejan en el lugar donde pescamos, además de ensuciar el lugar, pueden causar similares efectos en las aves. En todo caso, estos despojos, en el fondo del mar o movidos a la deriva cuando hay oleaje, son inconvenientes y pueden constituir una traba al rebobinar.

Una actividad histórica

La pesca es tan antigua como la propia humanidad. Además, la primera actividad fue similar a la que hoy llamamos deportiva, pues se practicaba individualmente. En la prehistoria, los lugareños de ríos y costas ya pescaban, aunque no sólo por un afán de recreo, sino para su propio sustento diario.

Hay evidencias de que en el paleolítico ya existían anzuelos para la actividad, que se fabricaban con huesos de animales o tronquitos de pequeñas ramas. No eran curvos, sino rectos, como agujas pequeñas, o con forma de huso, con puntas en cada extremo y un pequeño agujero en el centro para pasar y anudar la línea. Los había de piedra, hueso, cuerno y ramas pequeñas, espinosas o puntiagudas. En pleno siglo XX se han encontrado pueblos primitivos con similares artes de pesca. Se ensartaba un cebo, y a ver si había suerte. Los garfios del neolítico comenzaron a ser curvos y a buscar las formas de los actuales, en figura de arpón, aunque los materiales de su fabricación fueran igualmente el hueso, la piedra, el cuerno o la madera.

Pronto descubrieron la idoneidad de las varas de árbol, como el fresno, y de las cañas, esos tallos huecos y flexibles de algunas gramíneas que alcanzan fácilmente tres o cuatro metros de longitud; comienzan con una base de cierto grosor, que disminuye poco a poco hasta acabar casi en punta. Estos aparejos primitivos se ataban a finos hilos fabricados con materiales vegetales o entrañas de animales.

Otro tipo de práctica de aquellos antepasados eran las lanzas hechas con palos de delgadas ramas, que afilaban en punta y ataban a sus muñecas con cuerdas de los materiales anteriormente citados. No tardaron mucho en inventar nasas tejidas con ramas pequeñas y flexibles, de sauce por ejemplo, y a construir, especialmente en los ríos, represas que cerraban; allí cargaban de cebos (ranas, gusanos e insectos) el lugar por donde los peces entraban y del que luego no podían salir.

Las capturas se elaboraban secándolas al sol o ahumándolas. Hace tres mil años se descubrió la sal y las posibilidades del salazón, lo que dio lugar a importantes industrias, en aquel entonces en manos de los fenicios, en el Mediterráneo. Una nueva forma de consumo que tardó incluso siglos en llegar a las áreas atlánticas, aunque después fueran grandes zonas elaboradoras de bacalao y arenque, desde la Edad Media hasta el descubrimiento del hielo y su aplicación para la conservación del pescado, a finales del siglo XIX.

Los fenicios inventaron nuevas artes, las precedentes del volantín, e impulsaron el uso de redes, de las cuales existen antecedentes de épocas anteriores, para los recursos del mar, pues anteriormente ya se habían empleado para la captura de aves. Los egipcios mejoraron notablemente cordadas e hilos y usaron las artes fenicias.

Griegos y romanos comienzan a realizar la práctica de una manera aún más profesional y con red, consecuencia de los avances que se lograron en náutica con las embarcaciones de madera. Con el nacimiento de la civilización urbana, aportación de los griegos acrecentada por los romanos, empieza a desarrollarse la industrialización que demandaba un mercado masivo, y la pesca individual con caña quedó como pasatiempo, iniciándose lo que hoy conocemos como deporte.

En la Edad Media, esta actividad, como placer ocioso de los grandes señores, experimenta junto con la caza un gran incremento. Factor importante para este desarrollo es el descubrimiento de la seda y del hilo de seda, traído de Oriente, con su característica invisibilidad y gran resistencia. Se inventan rudimentarios carretes de madera con dos discos unidos por un eje y una pequeña asa o manubrio, basados en la rueda y, fundamentalmente, en la rueca.

El consumo seguía siendo de forma ahumada o en salazón. La sal era el petróleo de aquellos años, convertido en objeto de grandes cargas tributarias por su valor, lo que llenaba las arcas de los señores feudales y eclesiásticos. La sal y su manipulación fue objeto de abundantes legislaciones, de creación de monopolios, de explotaciones exclusivas, etc. Tanto las fuertes cargas fiscales como las abundantes prohibiciones y leyes originaron un creciente comercio de contrabando y mercado negro.

El producto fresco seguía siendo imposible de transportar en buenas condiciones de conservación y el de procedencia marina sólo se comía así en las zonas costeras y alrededores, mientras que en tierras del interior se consumía el pescado de aguas dulces, muy abundante en aquellas épocas por la limpieza de los ríos, y los salazones. En las zonas alejadas del mar hubo numerosas tutelas monopolísticas a favor de los señores feudales y, sobre todo, de la Iglesia, lo que originó un mercado clandestino. Con todo, la pesca de río constituía una profesión en esos años, tanto como la de mar, fuera pagando por ejercer en los monopolios o pescando furtivamente.

En el siglo XIX comienzan a organizarse sociedades de pescadores deportivos en Inglaterra, especialmente de la trucha y el salmón, actividad que adquiere una fuerza inusitada. Estos clubes suponen la proliferación de adelantos y la aparición de nuevas técnicas. Nacen los señuelos imitadores de mosca para usar en los ríos, y de pececillos pequeños utilizables en todas las aguas. De esta época se conocen los primeros carretes rudimentarios de lanzado.

Luego, con la revolución industrial, y fijándose en la maquinaria utilizada por la industria textil (como ya ocurrió con la rueca, la inspiración procede de los instrumentos de tejer), se imitó el movimiento de la lanzadera y aparecieron las bobinas fijas de más de una vuelta. En Inglaterra fue donde se descubrió esta innovación, que posteriormente llegó al continente europeo.

CAPÍTULO 1

Psicología del pescador

Atención y paciencia

La pesca con caña es un deporte que fundamentalmente requiere cuidado y atención, espíritu de observación y paciencia. Más que fuerza, que puede valer para llevar el cebo lo más lejos posible o para aguantar la lucha de un pez de buen tamaño, vale la destreza. Geschick

Los buenos conocimientos técnicos son fundamentales para practicar con destreza. En primer lugar, debemos prestar atención a los movimientos del puntero de nuestro pertrecho. Esta vigilancia constante a la cimera es necesaria porque indica si han picado. Y si ese cimbrear de la puntera no constituye un acto esporádico, sino que se repite con insistencia, quiere decir que, además de morder, el pez se ha prendido y es la hora de rebobinar para conseguir la captura.

Debemos poner atención cuando vamos a lanzar para que el anzuelo o el plomo no estén enganchados con nada, pues de ser así, con la fuerza de nuestro impulso podríamos romperlos. Atención, si no estamos pescando solos, para observar los sedales de nuestros vecinos o de nuestras cañas, y hacia dónde mueven las aguas estos hilos para evitar que se enreden. Atención para cuidar nuestros aparejos si queremos que nos duren. Atención para asegurar que nuestra carnada o cebo esté bien ensartado, pues podríamos perderlo cuando hiciéramos el balanceo. Atención para comprobar que, donde vamos a tirar, no hay bañistas ni buceadores. Atención, en definitiva, para todo. Atención para ser cuidadosos.

Y paciencia para esperar que la cimera muestre los signos propios de que un animal se ha quedado en nuestro arponcillo.

Los nervios no son buenos

Los nervios no son buenos para nada, y menos para la pesca deportiva. La excesiva inquietud es el enemigo principal de esta actividad.

Templar los ánimos quiere decir, sobre todo, que no hay que estar tirando y sacando cada minuto, salvo que empleemos la táctica del lanzado ligero con señuelo, que más adelante se explicará. No existe una regla fija para saber cada cuanto tiempo tenemos que rebobinar nuestra línea. Bueno, sí, una sola: hacerlo siempre que notemos la picada y estemos seguros que el pez se ha enganchado.

Si no hay pez o no hemos notado nada, el tiempo de recoger depende de distintos factores. Uno importante, el cebo (no es lo mismo gusano que sardina), y otro, el estado del mar (no es lo mismo unas aguas movidas que las tranquilas). Pero esos distintos factores que más o menos van a marcar el tiempo que debemos recoger la línea, los veremos con detalle en su capítulo correspondiente.

Tampoco hay que ser el antagonismo del nervioso. No hay que ser tan pasivo que no recuperemos nunca. De vez en cuando debemos hacerlo para asegurarnos de que aún hay carnada.

Un deporte de tranquilidad y sosiego

Ya decíamos en la introducción que la pesca es un buen deporte para combatir el estrés, una buena cura para los trastornos cardiovasculares siempre que no abusemos del tabaco, el alcohol, las grasas, etc., y un remedio sedante, natural, sano y barato contra esas enfermedades. Una terapéutica física pero también espiritual, aunque no nos demos cuenta, emanada de la tranquilidad y el sosiego de un marco de incomparable belleza. La práctica de la pesca deportiva permite olvidar penas y sinsabores. Recuerde que una buena picada, convertida posteriormente en una captura, puede endulzar los amargores de la vida.

En el caso de hacerlo desde la playa, variedad de la que trata este libro, constituye una actividad aún más apacible y serena, que nos permite estar sentados. Eso no quiere decir que en los momentos del enganche, especialmente si es un pez de buenas proporciones, no se convierta en un deporte carente de excitación y de esfuerzo.

Tampoco quiero decir que no hagamos actividad alguna mientras la picada no se produce. Hay que dirigirse al sitio, acción cuyo ejercicio podemos acrecentar si vamos andando o en bicicleta. Hay que rebobinar de vez en cuando, lanzar tras haber recuperado, colocar los cebos y agacharse o inclinarse por múltiples motivos. De vez en cuando debemos poner un nuevo aparejo al perder el que teníamos. Si disponemos de más de una caña, hemos de ir de una a otra. No es raro que tras el primer día, después

La práctica del deporte de la pesca desde una playa es muy apacible y sumamente cómodo y relajante. No existen limitaciones por edad o condición física para poder disfrutar plenamente de esta actividad

de muchas jornadas sin pescar ni realizar actividad física, sufra ligeras agujetas en los brazos, dolor en los riñones y cierta carga de espalda.

Con todo, es una ocupación deportiva que no tiene el riesgo del alpinista, que no exige el agotamiento físico de un ciclista subiendo un puerto, que no precisa la habilidad de un malabarista. Aunque algo de riesgo, un poco de esfuerzo físico y un mucho de habilidad sí se requieren.

No es el mejor deporte para perder peso, aunque es peor quedarse sentado o tumbado en el sofá de casa viendo la televisión. Incluso podemos aprovechar los momentos de inactividad entre picada y picada para realizar algunos ejercicios gimnásticos, pasear y correr por la playa. Eso sí, sin perder de vista nuestras lanzadas.

Hacer otras cosas

Se pueden hacer otras cosas mientras se pesca. Sobre todo, si nos organizamos bien y no tenemos demasiadas cañas. Acabamos de explicar cómo podemos aprovechar los momentos de inactividad entre picada y picada para realizar algunos ejercicios gimnásticos, pasear y correr por la playa, pero también podemos oír música o la radio. Pido, por favor, que lleve aparatos pequeños con auriculares para que sólo lo oiga usted. No lleve radios grandes: son más molestas de llevar y ya irá bastante cargado con numerosos pertrechos, y sea educado con los vecinos y no ponga la música muy alta. Esta actividad compartida permite estar atento a nuestros aparejos, siempre que la música o la radio no nos distraigan de tal manera que nos olvidemos de vigilar.

Se puede leer e incluso escribir. Muchas veces lo hago. Es una actividad que nos obliga a perder mayor atención al tener que fijar la vista en el texto, pero puede montar la estrategia de echar una mirada cada punto y aparte, cada página o cada capítulo.

Puede bañarse. Confieso haberlo hecho bastantes veces en días de pesca de mucho calor y poca animación. El chapuzón debe ser corto y, a poder ser, lejos de donde pensemos que el anzuelo ha caído, pues nuestra cercanía puede ahuyentar las posibles presas. Lejos de donde la línea secundaria debe estar, pero cerca del puntero, que no debemos perder nunca de vista.

Pescando en la playa podemos incluso introducirnos en el mar hasta donde los aparejos no corran peligro de mojarse, y desde ahí tirar para llegar más lejos. Si lo hacemos al lanzado es más fácil, pues el anzuelo se supone que llegará a más de 50 m de donde estamos nosotros. Tampoco el remojón debe ser muy prolongado.

Conozco a un artista paisajista que cuando pescaba, pintaba. O tal vez cuando pincelaba paisajes y marinas, pescaba. Y si era cierto que hacía buenos cuadros, también lo es que, de vez en cuando, sacaba un pez y alternaba con gran gozo ambas actividades. También conozco el caso extremo de un aficionado que acude con su ordenador y escribe, trabaja, juega e incluso se comunica por fax. Si va a pescar a la playa, es peligroso, pues la arena constituye un enemigo mortal de estos aparatos. Él lo hacía en el muelle del puerto deportivo y en algunas calas, con el coche al lado, desde el cual manejaba su ordenador portátil.

Todo depende de la habilidad con que nos organicemos. Hay quien no le gusta o no puede realizar más de una acción a la vez. Dependerá de las capacidades de cada uno. Para algunas personas muy nerviosas incluso puede ser aconsejable porque es una forma de entretener su impaciencia. Uno mismo, hay días que está dispuesto a alternar actividades, y otros, que sólo le apetece pescar.

La estrategia debe consistir en que, si oímos música o radio, no dejemos de estar atentos a la puntera. Si leemos o escribimos, sea a mano o con ordenador portátil, ya hemos dicho lo de echar una mirada cada párrafo o página, y si nos bañamos, permanecer de cara a la caña.

Para ambos sexos

La actividad o afición a la pesca deportiva pueden comenzar muy pronto, en la edad de los juguetes.

De hecho, cualquier niño o niña que se acerca a la orilla del mar o de un río donde sabe que hay peces tiene el instinto innato en el ser humano de conseguir una captura. Y cuántas veces no ha cogido una vara o caña, un hilo y algún anzuelo, incluso oxidado, abandonado en la orilla, y ha intentando saciar este impulso...

Un buen regalo para un niño que muestra esta curiosidad es su primera caña con aparejos de pesca. Se puede comenzar muy joven, aunque es conveniente que vaya acompañado de alguien mayor con conoci-

La pesca deportiva no tiene límites de edad, ya que puede practicarse desde muy temprana edad

mientos necesarios para irle enseñando. Legalmente, es obligatorio en los menores de catorce años.

Los peligros del mar no son muchos, pero hay algunos, como se verá a lo largo de estas páginas. No me refiero a los pinchazos de anzuelos, en general leves, sino a que algunos peces, como arañas y escórporas, disponen de radios venenosos.

A algunas personas les suele disgustar la manipulación de los cebos, no sólo de gusanos, sino incluso de gambas, calamares o sardinas. Lo mejor es limpiarse primero las manos con agua del mar y un trapo, y después, en casa, con agua y jabón.

Los animales no entienden de sexos. Pican por el cebo y en el anzuelo, no por si uno es hombre o mujer, o por la cara bonita del pescador, o la pescadora. Es un deporte sin discriminación alguna por razón de sexo o edad (y por supuesto, de raza, religión e ideología).

Conozco a parejas y matrimonios a los que les gusta ir juntos y compartir la satisfacción de una buena captura de uno de ellos. Deciden pasar su tiempo de ocio unidos y practicando su afición, incluso con los hijos. Hacerlo así es una buena forma de enseñar, poco a poco, al niño o la niña.

Puede ser una droga sana

En principio, este enunciado puede parecer negativo. Otros prefieren hablar de un virus, pero la expresión tampoco es muy positiva. Lo que quiero decir aquí es que la pesca puede crear adicción y hay personas que no pueden vivir sin ella una vez se han aficionado.

De todas formas, es una droga sana que no crea efectos nocivos en el cuerpo, sino muy al contrario, una vida sana en plena naturaleza. En vez de acrecentar las enfermedades cardiovasculares, como suelen provocar el alcohol y los estupefacientes, ayuda a combatirlas.

Una adicción que, por regla general, contrariamente a otras más nocivas como el juego, no es demasiado cara. Sobre todo si se trata de alguien que vive o pasa una larga temporada en una zona costera. En todo caso, será tan costosa como nosotros queramos.

Los equipos son muy duraderos si los cuidamos adecuadamente, según los consejos que posteriormente daremos. Una vez tenemos los útiles, apenas hay que gastar dinero en cebo, e incluso podemos ahorrar el coste de las carnadas si nos gusta y tenemos tiempo de buscarlos nosotros mismos.

Si uno, en sus primeras experiencias pesqueras, no se le da mal del todo, suele ser corriente que, al menos durante algún tiempo, esa adicción se produzca, aunque conozco quien ha sufrido este virus a pesar de que las primeras veces no se le dio bien y, precisamente por ello, se empecinó en obtener peces.

Un individualismo muy colectivo

La pesca es una actividad individual en principio, aunque ya hemos comentado el caso de matrimonios que van juntos, e incluso familias. También a veces se va en grupo de amigos, especialmente en la dorada juventud, pero es muy frecuente ir solo.

El pescador individual debe ser solidario con los vecinos. Muchas veces, esta comunión es espontánea. Todos colaboramos cuando alguien cercano trae una pieza respetable. Y no sólo se ayuda, sino que se participa de su alegría a pesar de sentir cierta envidia sana. Debemos ser respetuosos con las personas cercanas, incluso cuando ellas no lo sean con nosotros, que por regla general no suele ser corriente; aunque como las meigas, «haberlos, haylos».

Hay que guardar las distancias entre cañas para evitar los líos entre líneas. Será bueno para los demás y para nosotros. En el caso de un enredo, perderemos ambos, y si traemos captura, puede ser una de las causas de no obtener la pieza.

No es raro prestar utensilios momentáneamente cuando el vecino los puede necesitar: un salabre para sacar una buena captura, tijeras, alicates, etc. Incluso dar algunas cosas de las que nosotros vayamos bien pertrechados y a él le pueden faltar: un anzuelo más pequeño o más grande, algo de cebo si vamos sobrados o nos quedan al acabar la jornada, etc.

La suerte del neófito

Lo decíamos en la introducción: una de las grandes virtudes de la pesca es que, para obtener piezas, no es necesario ser un experto. Cuántas veces el novato o el niño es quien más logra o el que coge la pieza mayor…

Lo mismo sucede cuando a alguien se le enseña un juego de cartas o de azar, suele ser siempre el ganador de las primeras partidas. La pasión por este deporte puede arrancar precisamente de esa suerte que tuvimos cuando éramos niños o neófitos.

Siempre recuerdo mi primera captura, en una escollera de Sitges. Apenas tenía siete años. Era una herrera de algo más de diez centímetros. Nada del otro mundo, pero para mí, en mi primer día, todo un tesoro. Tal vez el origen de mi afición. Cuando me lo comí frito, simplemente limpio y enharinado, me pareció el mejor manjar del universo, el más rico del mundo. Y mi padre, gran aficionado en mar y en río, que estaba junto a mí, tan contento o más que yo.

Recuerdo también mi primer día de pescar solo, sin que estuviera mi progenitor. Apenas tenía algo más de diez años. Por desgracia, la primera captura de ese día se trataba de una escórpora, que entraña ciertos riesgos. Entonces, ya conocía tal peligro. Un hombre, con sesenta años más que yo y que andaba cerca, conocido de mi familia, primero me alertó, pero después me enseñó a tener los cuidados necesarios con ese tipo de animales.

Por si fuera poco, me ofreció cambiar mi peligrosa escórpora, no muy grande, más bien pequeña, pero no por eso menos dañina, por un plateado sargo de mayores proporciones. Este gesto, que nunca he olvidado, acrecentó mi afición y me adoctrinó en el buen comportamiento del pescador avezado.

Hoy, los papeles han cambiado. Pesco en un pequeño pueblo mediterráneo, donde vivo todo el año. He pasado de los cincuenta y tengo un amigo, Jaume, que ronda los diez años y que, cada vez que me ve, le encanta ponerse a mi lado. Charla-mos, le doy consejos, de vez en cuando me cuesta solucionarle algún enredo o problema similar, y desde hace tiempo nos saludamos cuando nos encontramos por la calle.

¿Hay que ser un técnico?

Está claro que no hay que ser un técnico, que no se precisa título universitario o de formación profesional para pescar. Tampoco está claro que, por poseerlo, uno vaya a obtener más capturas que nadie. No se necesita licenciatura en topografía, meteorología, náutica, ictiología, oceanografía, etc. Antes hemos mencionado la suerte del neófito, suerte de un día, de la persona con menos técnica, y que suele ser realidad muchas veces.

Quienes más suelen capturar son los lugareños de cierta edad que llevan practicando la actividad desde hace muchos años. Por regla general, tienen uno o varios sitios fijos donde acuden siempre y utilizan los mismos equipos, muchos de ellos tan antiguos que están fuera de mercado, y los mismos cebos. No ostentan título universitario alguno, al menos de náutica, pesca, meteorología o ictiología, pero poseen una enseñanza muy provechosa para esta actividad: muchas horas de práctica y mucha experiencia. Saben ver el estado de las aguas, la orientación y fuerza de los vientos, los colores y situaciones del cielo, etc. Y suelen ser pacientes y atentos.

Con el devenir de los años han aprendido los mejores lugares, los mejores días, las mejores horas, las mejores mareas, las mejores lunas, los mejores cebos, etc. Incluso algunos han sido aficionados a la lectura y han leído libros como éste. Otros se juntan con pescadores aficionados como ellos a la hora del café y comentan lugares, cebos, capturas, técnicas, etc.

No es necesario obtener una licenciatura para pescar en la playa, pero ya sabe aquello de que «el saber no ocupa lugar». Y cuanto más sepamos, mejor. Le recomiendo, una vez más, el consejo de que lea libros como éste y los de esta colección, y que compre alguna revista de pesca: suelen ser mensuales y más dedicadas a las modalidades de río que de mar, pero siempre traen algunos artículos, anuncios, experiencias y, a lo mejor, descubre algo que no sabía o que hacía mal. Si donde vive o pesca hay alguna tertulia de pescadores, si existe algún club deportivo, club náutico, etc., puede ser bueno acudir a ellos.

CAPÍTULO 2

La importancia del lugar

La topografía

Topografía, según el diccionario, es el arte de describir gráficamente la superficie de un terreno o el conjunto de particularidades que presenta en su configuración superficial. La verdad, utilizar la palabra «topografía» para la pesca es un cultismo. A nosotros, lo que nos interesa saber es el mejor lugar para tener más capturas y cómo poder llegar a él. Recuerde que cuando hemos hablado de los lugareños, hemos dicho que suelen ir a un par de sitios, siempre los mismos, donde saben que abundan más los peces.

La ubicación puede tener su importancia para buscar por dónde es más fácil sacar la línea y, por tanto, más difícil de que perdamos los aparejos. En la playa suele ser menos importante que cuando lo hacemos desde rocas, muelles o puertos, pero cuando vamos en embarcación, hay que ir donde se sabe que existe una bolsa con abundancia de pescado. También desde arenales podemos encontrar un puesto mejor, bien porque se saca más, bien porque se evitan fondos de arrastres con algas y rocas, que pueden dificultar nuestras recuperaciones.

Elegir un lugar de pesca

La elección de un lugar se puede señalar por varios factores: uno puede ser la facilidad de acceso. Hoy día habría que decir la facilidad de llegar y aparcar nuestro automóvil, aunque también podemos acudir andando, en bicicleta o moto. Las dos primeras formas complementan la acción física a realizar durante una jornada de pesca y son recomendables para quienes, por obesidad o prescripción médica, es conveniente realizar ejercicios no violentos. Andar o pedalear es bueno para el corazón.

A las playas no suele ser difícil acceder andando, en bicicleta o con nuestro vehículo de motor. Suelen estar muy acondicionadas para tal posibilidad, ya que las corporaciones locales intentan facilitar el acceso a los bañistas, instalan facilidades diversas (papeleras, duchas, puestos de socorro, banderas de señalización del estado del mar, etc.) y limpian la arena.

En la práctica, está prohibido pescar a menos de 250 m de la orilla de playas frecuentadas por bañistas. Puede hacerlo en las horas y meses de ausencia de éstos, y en las playas más inaccesibles, no acondicionadas en las épocas veraniegas, aunque en éstas las infraestructuras sean normalmente deficientes, pero no por ello peores lugares de pesca.

¿Qué es un buen sitio? Un buen sitio, en principio, es aquel al que llegamos sin demasiadas dificultades y en el que nos podemos instalar con cierta facilidad. Pero si una vez logrado, no cogemos nada, está claro que no constituye un buen lugar. Un buen puesto es aquel en el que nos divertimos porque las capturas son frecuentes. Si, además, el acceso es fácil y tenemos pocas dificultades para instalarnos, mejor; pero como los goles son la salsa del fútbol, en la pesca, la salsa son las capturas.

La gran afluencia de bañistas en las playas, así como de practicantes del deporte de la pesca, ha originado una legislación que regula esta actividad, determina horarios para su práctica y delimita zonas restringidas

La pesca desde arenales y playas

30

Por tanto, la primera razón para elegir un buen sitio es la existencia de peces dispuestos a picar nuestro anzuelo; la segunda, la facilidad de acceso, y la tercera, la comodidad de instalarnos para poder pescar. No olvide tampoco que cuando piquen y quede enganchado el pez, sea posible rebobinar y obtenerlo sin demasiadas dificultades. Nada da más rabia a un pescador que tener una buena pieza ensartada en el anzuelo y perderla al intentar sacarla, sobre todo si el animal ha podido esconderse bajo una roca, entre vegetación marina.

La dificultad suele ser menor desde playas que desde acantilados, sobre todo si aquellas son de fondos arenosos y no tienen un talud muy pronunciado. Además, una base es buena si nos permite, por horario, calendario u otra circunstancia, pescar desde ella. Recuerde que sólo puede hacerse en horas y meses no habituales para los bañistas.

Un buen puesto de pesca es todo un tesoro, máxime si dicho secreto sólo lo conocemos nosotros y en él no se ejerce mucha presión, lo que permitirá la renovación constante y paulatina de dicha zona.

Soy partidario de descubrir las ubicaciones realizando asiduamente la actividad, como se ha hecho siempre de forma tradicional; en la pesca con caña desde la orilla, no me parece muy deportivo el uso de sondas portátiles.

No siempre el mejor sitio aparente es el mejor lugar. Donde yo pesco, existe un espigón largo construido con grandes bloques de rocas para conservar las zonas playeras. En principio, parece que el mejor sitio sea la punta de este muelle artificial al ser el que más se adentra en el mar. Pues no es así. Unos 20 m antes de la punta, pescando hacia la playa de bañistas, existe una zona de pesca abundante (sargos, palayas, herreras, salmonetes, serranos, julias, tordos e incluso arañas). Hacia el otro lado, hacia mar abierto, existe otra zona más alejada de la punta, a unos 75 m del final. La construcción es larga, de unos 200 m.

La sapiencia de los lugareños

En este tipo de pesca, quienes más suelen capturar son los lugareños de cierta edad que llevan practicando desde hace muchos años. No es difícil hacerse amigo de ellos. A lo mejor hay que soportarles alguna fantasía, pero si lo logra, será una relación muy provechosa. En horas de tranquilidad, si están en nuestra vecindad, a muchos suele gustarles hablar, contar sus experiencias, incluso los que en un principio se muestran más reacios a la comunicación.

Si va de vacaciones a un sitio nuevo, que no conoce, ésta es una amistad muy interesante. Sin ser muy pesados, ni parecer un agente secreto espiando todos sus movimientos, podemos fijarnos en sus pertrechos, la caña, el tipo de hilo, el cebo, los anzuelos... Incluso con moderación podemos preguntarles, sobre todo si vemos que son sociables y no tienen inconveniente en charlar con nosotros. Normalmente es así. A todo pescador le gusta compartir, narrar aquel día feliz que consiguió aquel o aquellos peces de no sé cuántos kilos. Esa es la forma de entrar, luego todo dependerá de sus habilidades sociales.

Las informaciones de nuestra tienda

Si nuestra tienda proveedora de material y cebos no es un gran almacén, sino un pequeño comercio dedicado únicamente a vender utensilios de pesca, o de caza y pesca, no es raro que se formen tertulias entre distintos compradores. Suele ser siempre el primer sitio en el que uno averigua si en la localidad hubo ayer un afortunado que se llevó una lubina o una dorada de tantos kilos, o si los

del curricán están teniendo suerte porque abundan los bancos de atunes.

Por eso recomiendo que, aunque determinadas cosas pueden adquirirse en hipermercados y grandes superficies, siempre es mejor surtirse en pequeños establecimientos de artículos deportivos, mejor si son exclusivamente de pesca, ubicados en el propio pueblo. No siempre son más caros, y algunos, incluso más baratos. Si uno es usuario habitual, muchas veces se entabla conversación con el vendedor.

En mi pueblo, donde pesco, soy habitual de dos o tres comercios para comprar cebos y reponer material. En uno de ellos, aunque no pregunte nada, pronto me informan de cómo se dio el día anterior: «en el puerto, ayer sacaron dos lubinas de...». Con el tiempo, y una constante compra, uno puede almacenar los datos que recibe y determinar los lugares con más pesca en las costas de esa localidad. Y con ocasión de las necesarias adquisiciones puede enterarse en qué sitio se está dando bien.

El dueño y su hijo son pescadores y saben que a mí, normalmente, no se me da del todo mal, y por eso también preguntan. No voy a decir que uno desvele totalmente sus secretos (un buen puesto de pesca en un buen momento es todo un tesoro, y una excesiva presión sobre él puede mermar o aniquilar su preciado valor), pero hay que intercambiar experiencias, como en toda tertulia, y comentar cómo se dio, a qué cebo están entrando mejor, etc.

Precisar el lugar justo cuesta más, pero siempre puede recurrir a expresiones generales: «en el último espigón», «en el muelle del puerto», «en la playa tal o cual»... Si las capturas han sido abundantes o destacadas por su tamaño y peso, no nos costará demasiado realizar confidencias. A todos nos gusta narrar los días buenos.

Y ya que estamos hablando de tiendas, no desprecie esos comercios de «todo a cien». Pueden ahorrarle dinero: cajas de plástico para preparar los cebos de sardina, chubasqueros de plexiglás baratos, tijeras, alicates, gomas, cuerdas, cepillos, etc. Suelen tener productos válidos para pescar más baratos que en ferreterías y tiendas especializadas. En la zona mediterránea son frecuentes los mercadillos callejeros uno o dos días fijos a la semana. Ahí podemos obtener, a mejor precio, ropa, calzado y utensilios.

Pescar en puertos, rocas y espigones

Este libro trata en detalle la pesca desde playa, pero en la costa, sin necesidad de embarcación, puede realizarse también desde malecones, muelles, rocas y espigones, objeto de otro título en esta misma colección (*Pesca deportiva desde puertos, muelles, rocas y espigones*).

Presenta ciertas similitudes, en alguna de sus variedades, con la pesca de playa. La pesca desde muelles, espigones o rocas se realiza normalmente con caña de lanzado o con boya, al pulso, robo o a la valenciana. Se pueden utilizar varas de bambú, fibra de vidrio o carbono. Debe buscarse un lugar con abundante pesca, en el que normalmente intentaremos que caiga siempre el anzuelo con el cebo. El sedal debe tener 30-40 mm de diámetro, y los anzuelos, del ocho o del nueve, aunque pueden variar si es una zona con peces de menor o mayor tamaño. También puede realizarse con volantines con pequeñas bolitas de plomo para poder alcanzar la treintena de metros. Son normalmente volantines con boya. En las cañas con boya suelen utilizarse cañas muy largas, de cinco o más metros, para evitar los pedruscos y rocas de la escollera.

La pesca desde rocas o acantilados es mucho más difícil, especialmente en la variedad de pesca al lanzado largo y a fondo, pues los suelos suelen ser rocosos y llenos de

Los espigones de los muelles, dada su configuración a base de bloques de piedra de distintos tamaños y a diferentes niveles, constituyen unos excelentes lugares de pesca
Sus hendiduras, oquedades y resquicios son un magnífico refugio para muchas especies, que hacen de ellos su hábitat

vegetación, lo que entorpece la extracción del aparejo y provoca que deba realizarse de forma más rápida en la recuperación. Hay que intentar buscar un sitio de fácil salida de las líneas para evitar en lo posible la pérdida de escandallos. Las zonas rocosas son muy interesantes por la gran variedad y por el tamaño de pescado, pero tienen el inconveniente de que exigen plomos poco pesados y de formas no muy pronunciadas para no perder los aparejos por enrocamiento. A veces, únicamente se puede pescar a la boya o a la valenciana, precisamente por estos inconvenientes del enrocado.

Las características de pescar en puerto son muy similares a las de pescar desde escolleras, aunque algunos de estos puertos, en poblaciones importantes, tienen profundidades mayores. A veces, si pescamos por la parte exterior de los muelles que dan directamente al mar, es prácticamente como si pescáramos en escolleras. Hacia el interior, la mayor dificultad reside en que suelen tener muchos residuos en los fondos, arrojados desde los barcos, que enganchan anzuelos y aparejos.

Otro condicionante es el lugar del puerto, especialmente si estamos actuando en la zona de arribada,

donde llegan los barcos pesqueros, pues abundan los animales acostumbrados a comer los desperdicios de estas embarcaciones profesionales. Son aconsejables las zonas más tranquilas, en primer lugar, por nuestra propia comodidad, y en segundo lugar porque si hay mucho movimiento, los peces, muy asustadizos, suelen buscar lugares más apacibles. Esto no sirve para las zonas de atraque de pesqueros y para algunas especies habituadas a esperar estas naves y los desechos de pescado de poco valor que suelen arrojar al agua cuando han amarrado en puerto.

Si pesca con boya, convienen sedales finos de 20 (más fino, es muy propenso a enredarse), 25 o 30. Además de los cebos señalados en puertos, rocas y escollera, se utiliza pan con cebado previo y la pasta con queso o con harina y sardina mezcladas.

Características de la pesca desde la playa

Las zonas playeras poseen fondos arenosos, lo que normalmente permite escandallos y plomadas más pesadas que difícilmente se pierden en condiciones normales.

Se practica al lanzado, con cañas de una longitud superior a cuatro metros, para evitar el oleaje. La altura dependerá un poco del estado del mar. Si el agua está llana, vale incluso de menor longitud. Si hay olas, cuanto más elevadas sean, más altura se necesitará. Si la playa tiene fondo rocoso o pedregoso, entonces puede haber el riesgo de perder la parte final de la línea porque el plomo o el anzuelo pueden engancharse.

Otro riesgo, sobre todo si el mar está movido, lo constituyen troncos, maderas, etc., aunque últimamente existe una invasión de bolsas de plástico, las que dan en las tiendas de alimentación y supermercados. Nunca deben tirarse al mar. Cuando se echan, además de ensuciar las aguas, creamos un posible enemigo de anzuelos y plomos, que suelen liarse con ellas (a veces, incluso el simple hilo). Han proliferado tanto que es uno de los elementos que más dificulta una buena pesca.

Las playas son terrenos llanos que no precisan esfuerzos para transitar por ellas, sólo el esfuerzo que puede suponer andar por arena, y que suele meterse en todas partes: dentro del calzado, en los intersticios de las suelas, en el doblado de los pantalones, etc.

Sin embargo, sobre todo en el Mediterráneo, muchas veces la bonanza del tiempo nos permite descalzarnos, e incluso ponernos cómodos y frescos en prendas de baño. En este caso, sobre todo si aún no hemos tomado el sol, hay que procurar no quemarse. Si vamos a permanecer muchas horas bajo la acción de los rayos solares, hay que adoptar ciertas precauciones: llevar una gorra o sombrero para cubrir la cabeza de posibles insolaciones y, los primeros días, tomar el sol poco a poco y con crema protectora de la piel.

CAPÍTULO 3

Pescar en España

España tiene un total de 7.695,3 km de costa, a los que hay que añadir 59,8 km del mar Menor. De ellos, 5.031,1 km son peninsulares, y el resto, insulares. De estas cifras peninsulares, son aguas del Mediterráneo un total de 1.429 millas, a las cuales hay que sumar 1.186,4 km del archipiélago balear (571 millas). El resto de costa isleña, 1.477,6 km pertenece a aguas atlánticas, de las Islas Canarias. En este baremo no se cuenta el contorno de pequeñas islas e islotes, casi todos deshabitados (excepto Tabarca, en Alicante).

En toda la ribera española existe una actividad destacada de pesca, tanto profesional como deportiva, esta última en sus variedades desde la costa, en embarcación y submarina. Sin embargo, las orillas muestran diferencias sustanciales que emanan de las características de los propios mares. Especialmente variable es el mar y el clima del Mediterráneo, al este y al sur, y la zona norteña del Atlántico y el Cantábrico. Ciertas características atlánticas propias y algunas de las mediterráneas posee la zona que se extiende desde Punta Tarifa hasta la desembocadura del Guadiana y la frontera con Portugal.

Las Baleares gozan de las características propias del resto del Mediterráneo, pero con una riqueza piscícola muy importante por las peculiaridades de los fondos marinos y por ser lugar de paso de numerosos tipos de peces, incluidos los grandes atúnidos y alguna especie de escualos. Las Islas Canarias, por su ubicación geográfica, muestran características más propias de la plataforma africana, frente a la que se encuentra, y constituyen un lugar muy interesante para los pescadores deportivos, especialmente de grandes piezas mediante curricán.

Toda la costa española está jalonada de gran cantidad de playas, bahías, calas y dársenas, que alternan con zonas acantiladas y rocosas. Hay otro tipo de accidentes naturales, como desembocaduras de rías y ríos, estuarios, deltas, marinas, etc. Tampoco faltan las creaciones artificiales, como puertos, espigones, escolleras y malecones.

El Mediterráneo

El mar Mediterráneo tiene un litoral en España de 1.429 millas, de las que 858 son de costa peninsular, y las 571 restantes, de las Islas Baleares.

La bonanza del clima, de pocas lluvias y mucho sol, especialmente al sur del delta del Ebro, hace que esta costa, sea durante todo el año, destino de numerosos turistas españoles y europeos. Si en la etapa veraniega abunda el turismo familiar, desde hace años es frecuente que jubilados y personas mayores de otras latitudes pasen los inviernos en la zona.

Más al sur disminuye la pluviometría, por lo que constituye el área con mayor número de días de sol al año de la península Ibérica. Parte de Murcia y Almería son los terrenos de España que menor lluvia reciben y que sufren serios problemas de desertización. Cuando llueve, normalmente en otoño y a veces en primavera, suele hacerlo torrencialmente, por lo que son numerosos los ríos secos y torrenteras que desembocan en el mar.

Las cálidas aguas mediterráneas, limpias y transparentes, son lugar idóneo para todo tipo de deportes acuáticos y actividades ociosas en el mar. Entre ellas ocupan un lugar destacado las diferentes variedades de pesca, tanto profesional como deportiva. Son aguas tradicionalmente tranquilas, aunque no falten de vez en cuando, cuando soplan fuertes vientos, marejadillas, marejadas y hasta mar fuerte y temporal. Apenas perceptible es la diferencia entre la pleamar y la bajamar.

Las posibilidades de la pesca deportiva son ampliamente conocidas y practicadas por los lugareños, así como por numerosos veraneantes y turistas. Además, la costa mediterránea está dotada de numerosas infraestructuras, como puertos pesqueros, puertos deportivos, clubes náuticos, clubes pesqueros, clubes de pesca submarina, de práctica de esquí náutico, etc. Al ser una gran zona receptora de turismo, está dotada de numerosas instalaciones de hostelería, tanto de hospedaje como de restauración.

Esta actividad, el turismo, ha supuesto desde mediados de este siglo, una importante fuente de ingresos en lugares anteriormente dedicados al sector primario (agricultura, pesca profesional, minería), actividades que continúan realizándose pero que han perdido el carácter prioritario de antaño. Además, desde la frontera hasta punta Tarifa existe una autopista de peaje, que se convierte en autovía gratuita a partir de Alicante.

La costa mediterránea de España, con características comunes, también muestra ciertas variaciones, con nombres que las diferencian: la Costa Brava y la Costa Dorada, en Cataluña; la Costa de Azahar y la Costa Blanca, en las comunidades de Valencia y Murcia, y la Costa del Sol, en Andalucía.

Los peces que abundan en las zonas cercanas a la costa con fondos arenosos son herreras, doradas, lubinas, pageles, sargos (en sus variedades de sargo, mojarra, raspallón y sargo picudo), corvinas, chopas, salmonetes de arena, arañas, raós, lisas y salpas (salemas), y peces planos como lenguados, palayas y podas. En lugares cercanos a fondos rocosos se encuentran sargos, salmonetes de roca, besugos, aligotes, tordos, doncellas (julias), serranos, gobios (burros o cabuts), morenas, congrios, escórporas y brecas.

Pescando con embarcación al volantín se logran además meros, chernas, chopas, besugos, pargos, gallinetas y brótolas, y al curricán pueden conseguirse obladas, dentones, serviolas, bonitos, atunes, palometas, caballas, lecholas, agujas, espentones, melvas, anjobas, llampugas, tintoreras, marrajos y peces espada.

La costa catalana

Cataluña, que posee 594,9 km de costa, es una zona donde se practica con profusión todo tipo de pesca deportiva. Cabe distinguir, como hemos dicho, la Costa Brava y la Costa Dorada.

Las posibilidades en las aguas catalanas van desde la tranquila práctica desde la costa a la del curricán con embarcaciones de buen tamaño, rápida velocidad y fuerte potencia, desde el pequeño sargo o llisa, para lo cual sirve un barato y sencillo hilo con una boya y anzuelo, a la pesca de altura de pez espada o marrajos, para lo que se precisa, además de una embarcación potente, unos equipos no precisamente baratos.

La *Costa Brava* se extiende desde la frontera francesa, en Cerbere, hasta Blanes. Se denomina así por su configuración brusca y sinuosa, donde calas y playas se adentran hacia el interior y se alternan con grandes acantilados y zonas rocosas pobladas de frondosos pinares. Tiene un talud de pendiente suave y sinuoso. Pueblos que antaño vivían de la pesca y la agricultura, han arrinconado estas actividades ante las inversiones industriales y el auge del turismo.

Es una zona tradicional de veraneo y turismo, y cuenta con numerosos hoteles de distintas categorías. Algunos de los restaurantes más famosos de España se encuentran aquí, pero existen numerosos establecimientos donde sirven comidas más económicas. Está jalonada de puertos comerciales, de pequeño tamaño y no demasiada actividad, que albergan a su vez puertos pesqueros y deportivos. Abundan los clubes náuticos y de pesca.

En la Costa Brava, por su configuración norteña, los vientos de tramontana suelen alcanzar una velocidad superior a 100 km/h, lo que comporta unas aguas del mar más movidas. Los inviernos, por su cercanía a las nieves de los Pirineos, son fríos. Muchas de sus poblaciones son importantes y están dotadas de todo tipo de servicios durante todo el año. Disponen de establecimientos que venden útiles de náutica deportiva, aparejos de pesca y cebos.

Al poco de su inicio, se encuentra una bahía que se extiende

desde Cerbere hasta el cabo de Creus, y en donde se hallan los pueblos de Portbou, Port de la Selva (con su atractivo puerto natural) y Llansà. Una nueva bahía, el golfo de Roses, se abre desde el cabo de Creus hacia el sur, hasta el cabo de Begur. En este golfo existe la daliniana población de Cadaqués, Roses (que da nombre al golfo, de fina arena en sus playas), l'Escala y l'Estartit, con las islas Medes y la Foradada en sus inmediaciones. Todos estos pueblos poseen una gran tradición pesquera.

Desde el cabo de Begur hasta el muy cercano de Sant Sebastià comienza una zona que, paulatinamente, se retira hacia el interior. Cuenta con poblaciones como Tamariu, Llafranc, Calella de Palafrugell, Palamós (con un importante puerto pesquero y subasta), Calonge, Platja d'Aro (con casi dos kilómetros de playa), S'Agaró, Sant Feliu de Guíxols (con un puerto donde se conjuga la naturalidad de su pronunciada bahía con la ingeniería de su construcción), Tossa de Mar, Lloret de Mar y Blanes. Todos ellos son buenos lugares de pesca, tanto desde las playa y calas como desde muelles, rocas y espigones de sus abundantes acantilados y puertos.

Desde Blanes y la desembocadura del río Tordera se extiende un litoral bajo y rectilíneo que desciende hacia la desembocadura del Ebro y Vinaroz, a través de las comarcas de Barcelona y Tarragona. Es una orilla con amplias playas profundas y, de vez en cuando, alguna que otra zona montañosa y pétrea, como Montjuïc, Garraf, el cabo Salou, etc.

Cuenta con pueblos que han variado su modo de vida, la pesca en la zona costera y la agricultura en el interior, por las actividades industriales, sobre todo en las localidades más cercanas a las ciudades de Barcelona y Tarragona. Conforma un área tradicional de veraneo y turismo, por lo que hay numerosos hoteles de distintas categorías, y cuenta con numerosos restaurantes de todo tipo y precio. Está jalonada de puertos comerciales de pequeño tamaño, además de los grandes puertos de esas dos capitales. Abundan los clubes náuticos y puertos deportivos de urbanizaciones.

Estas comarcas poseen un clima más apacible que las influidas por la tramontana, aunque en la zona de la desembocadura del Ebro son también frecuentes los fuertes vientos, propiciados por el ancho cauce del río. Muchas de sus poblaciones están dotadas de todo tipo de servicios y disponen de comercios especializados en náutica deportiva, aparejos de pesca y venta de cebos.

Desde Blanes hasta Barcelona sólo existe una pequeña zona rocosa entre Canet y Caldes d'Estrac. Pueblos como Malgrat, Pineda, Calella, Sant Pol, Arenys, Llavaneres y Mataró poseen playas de fondal, ricas en doradas, lisas y lubinas, además de algunas pequeñas estribaciones rocosas en Calella y Arenys. Todos ellos son buenos lugares de pesca, especialmente desde las playas, que son amplias y numerosas.

Unas rocas denominadas «barras», llenas de peces, jalonan la costa de Mataró a Montgat, pasando por Vilassar, Premià y el Masnou. En Montgat ya se nota la influencia de la cercana ciudad de Barcelona, que todavía se acrecienta más en Badalona y Sant Adrià de Besòs. Son buenos lugares de pesca, mejores cuanto más lejos de la contaminación de la capital.

Barcelona, como todas las grandes ciudades con fuerte área industrial, posee zonas con abundante contaminación y, a veces, excesiva presión pesquera. No obstante, suele pescarse en el puerto y en alguna de sus playas y zonas rocosas cercanas.

Al otro lado de la ciudad, tras la desembocadura del río Llobregat, se extiende Castelldefels, de larga playa, y las costas de Garraf y Sitges, donde comienza, hacia el sur, la mejor zona turística de la *Costa Dorada*. Luego encontramos el importante puerto pesquero de Vilanova i la Geltrú, Cubelles, Calafell, Torredembarra, Altafulla y Tarragona, poblaciones con grandes bahías y finas arenas desde donde puede practicarse con facilidad. Parecidas características tienen las playas de Salou, Cambrils, l'Hospitalet de l'Infant, l'Atmella de Mar y l'Ampolla, al sur de la capital tarraconense.

Aquí comienza el delta del Ebro, zona muy interesante en donde se conjugan los peces de mar con los del caudaloso río: anguilas, barbos, tencas, percas, esturiones y un largo etcétera de peces fluviales, de dos aguas y los propios del mar, muchos de los cuales, como doradas, lubinas y anjobas, acuden a la captura de peces pequeños, especialmente de mújoles. Recordemos que, a veces, soplan fuertes vientos.

La Comunidad Valenciana

A la Comunidad Valenciana pertenecen un total de 466,1 km de costa mediterránea. Tiene dos zonas: la Costa de Azahar, o golfo de Valencia, y la Costa Blanca.

Son parajes de tiempo más bonancible, sobre todo cuanto más al sur, que permite pescar deportivamente casi todo el año, e incluso en primavera y parte de otoño con vestimentas ligeras o de baño. De aguas tranquilas y transparentes, por desgracia ha sufrido una gran presión pesquera profesional de arrastre y redes a la deriva.

Las posibilidades deportivas en esta comunidad comprenden, como decíamos antes de Cataluña, desde el pequeño sargo o llisa a la pesca de peces espada o marrajos.

La zona de Castellón suele conocerse turísticamente como *Costa de Azahar*. Tiene localidades importantes y adecuadas para la actividad, como Vinaroz, Benicarló, Peñíscola (ciudad medieval y rocosa), Torreblanca, Oropesa y Benicasim, al norte de la ciudad de Castellón. Frente a esta última se hallan las islas volcánicas de las Columbretes, a 27 millas.

Estas poblaciones están dotadas de todo tipo de servicios y disponen de diversos comercios especializados. Lugar tradicional de veraneo y turismo, cuenta con numerosos hoteles y restaurantes. El turismo ha supuesto una importante actividad económica, que se alterna con sectores productivos tradicionales como la agricultura, la pesca y la fabricación de muebles. Está jalonada de puertos comerciales de pequeño tamaño, que albergan a la vez puertos pesqueros y deportivos. Abundan los clubes náuticos y puertos deportivos de urbanizaciones.

Al sur de la capital se encuentra Burriana y las zonas pesqueras de Nules, Moncofar, Chilches y Almenara, todas ellas muy idóneas para la pesca en playas largas, de fina arena y aguas limpias.

En la provincia de Valencia, y antes de esta ciudad, existen playas y costas de localidades como la industrial Sagunto, Puzol y Pobla de Farnals, dentro de la denominada Horta Nord. Como indica este término, el veraneo y el turismo de playa alternan con una de las huertas más ricas de España. La costa continúa hacia Massafalsar, Albuixent y Meliana, zona de playas continuas, apropiadas para el baño y la pesca.

En Valencia capital, como en todas las grandes ciudades con fuerte área industrial, suele producirse abundante contaminación y, a veces, excesiva presión pesquera. No obstante, suele pescarse en el puerto, en los espigones más salidos al mar y en alguna de sus playas. Tiene la particularidad de la Albufera, lago de agua sólo separado del mar, en algunos sitios, por una escasa porción de tierra de pinares y playa, y en donde abundan peces de aguas salobres y dulces.

Al sur de Valencia, y continuando en el golfo del mismo nombre, siguen presentes las extensas playas de arena fina, algunas de ellas compartidas por varios municipios: Pinedo (paralela a la Albufera), Perelló, Cullera (donde desemboca el río Júcar y se alternan la pesca marítima y fluvial), Tavernes de Valldigna, Xeraco, Gandía (con su puerto comercial) y Oliva.

Finalizado el golfo de Valencia, comienza en Denia, ya en la provincia de Alicante, un área rocosa que conforma el cabo de San Antonio, justo ante la isla de Ibiza, que continúa hacia Jávea y el cabo de la Nao. Es el final de la Cordillera Ibérica y del Sistema Penibético, con pequeños islotes como el de Portichol y la isla del Descubridor. Es lugar de mucha pesca, tanto desde la costa como en embarcación, y como saben los amantes de la pesca submarina, con numerosas zonas sólo accesibles con embarcación y llenas de cuevas y acantilados de interesante fauna marina.

Comienza aquí la *Costa Blanca*, con la característica mezcla de zonas playeras y altos acantilados blancos. Encontramos Moraira (con su islotes de los Pegados), Calpe (con el peñón de Ifach) y el bello pueblo de Altea (con pequeñas islas costeras), refugio y vivienda de numerosos pintores y artistas; luego, la cosmopolita y multitudinaria población de Benidorm (con la isla de los Periodistas) y los tradicionalmente pesqueros pueblos de Villajoyosa y El Campello.

Los peces que habitualmente se capturan pescando desde la costa con caña son herreras, sargos, raspallones, mojarras, doradas, lubinas, obladas, cabrachos, serranos, doncellas, salmonetes, besugos, lisas, arañas, pageles, chopas, salpas (salemas), bogas, jureles, palayas, lenguados, gobios y palometas.

Alicante es una ciudad de servicios, con poca industria, lo que hace que la contaminación sea moderada y producto sólo de la concentración humana. Cuenta con amplias playas, como la de San Juan, de casi 10 km, aunque la mitad pertenece a El Campello, y una amplia bahía de afamado pescado (el denominado «pescado de bahía»), desde el cabo de las Huertas hasta el de Santa Pola, donde se encuentra la pequeña isla habitada de Tabarca, hoy paraje natural y reserva marina.

Santa Pola es la población con la flota pesquera más grande del Mediterráneo, actividad que comparte Torrevieja, famosa por sus salinas y habaneras, y con gran concentración turística. Entre ambas se halla Guardamar, donde desemboca el río Segura y se mezcla la pesca marítima con la fluvial.

La Comunidad de Murcia

La costa sureste continúa por la Comunidad de Murcia y sus 251,8 km de costa, además de la laguna hipersalina del mar Menor. Hasta el cabo de Palos se encuentran localidades como San Pedro del Pinatar, San Javier, Los Alcázares, Los Urrutias y Los Nietos, todas ellas dotadas de zonas de acampada, hoteles, restaurantes y servicios, entre los que no faltan comercios de náutica y pesca. La actividad turística se ha convertido en un factor importante de la economía de la zona. En el mar Menor, que posee varias islas en su interior (Perdiguera, Mayor, El Ciervo y otras más pequeñas), abundan los mújoles, los rodaballos, los róbalos (lubinas) y las rayas. Fuera del mar Menor, y frente a él, hay también otras islas como la Grosa o la de las Hormigas, donde se practica la normal pesca de mar abierto.

Descendiendo, encontramos el puerto natural de Cartagena, conocido desde la antigüedad y hoy importante punto de atraque de la Marina española. Más al sur se hallan los puertos comerciales, antiguamente con amplia actividad minera, de Mazarrón y Águilas, buenos lugares de pesca deportiva y alternancia de playas y acantilados de una policromía especial por su contenido en minerales, más parecidos por sus características a la costa almeriense. Cuenta con abundantes islotes en sus zonas acantiladas, como la isla Adentro o la del Fraile.

Son poblaciones importantes, con todos los servicios, y en los últimos tiempos se han construido instalaciones hoteleras y se han ampliado las posibilidades gastronómicas. La presión turística, a pesar de su importancia, comienza a ser más moderada en comparación con las zonas situadas más al norte.

Se practica también la pesca profesional y la deportiva en embarcación, tanto la costera como al curricán. Es buena zona de pesca submarina y abundan los lugares a los que sólo se llega desde el mar y las playas solitarias, alejadas de cascos urbanos.

La Andalucía mediterránea

Desde la linde con la Comunidad de Murcia hasta el cabo de Gata, ya en Almería y Andalucía, se extiende una costa no demasiado conocida, pero que es uno de los mejores lugares de pesca deportiva del Mediterráneo: llena de amplias playas y pequeñas calas, muchas de ellas auténticos puertos naturales, que alternan con zonas rocosas y acantilados. Características similares presenta la costa situada al sur del cabo de Gata, en la propia provincia de Almería, y que alcanza la costa granadina.

La pesca deportiva comprende desde la pesca de altura al curricán (por la existencia de abundantes escualos, atúnidos y peces espada a no demasiadas millas de la costa) a la pesca con caña de orilla, sin olvidar la pesca submarina, que aquí encuentra un lugar idóneo, casi un paraíso según sus practicantes. Con todo, es una zona con no excesiva presión y de fácil renovación de la fauna, pues abundan los lugares inaccesibles desde las orillas y una riqueza en peces desacostumbrada.

Junto a playas muy cuidadas y preparadas para la recepción del turismo, cercanas a los cascos urbanos y urbanizaciones, existen grandes parajes y arenales vírgenes algo alejados de las concentraciones habitadas. Abundan las playas de arenas no muy finas, incluso algunas de arena gorda y de colores curiosos al ser zona de explotación minera.

Aunque en los últimos años han aumentado las infraestructuras turísticas y las instalaciones hosteleras, esta área aún mantiene el carácter típico propio de los pueblos de pescadores y una presión humana que, fuera de los meses de julio y agosto, es mucho menor que en el resto del Mediterráneo. Ello no es óbice para que esté dotada de los servicios suficientes para cumplir ampliamente con cualquier necesidad: zonas de acampada, hoteles, restaurantes, bares y comercios.

En algunas poblaciones costeras importantes existen tiendas especializados en náutica y pesca. El turismo ha pasado a ser la actividad económica más importante. Anteriormente, sólo se contaba con el sector primario (pesca y minería, y una muy precaria agricultura por la falta de agua) y era una de las regiones más pobres y deprimidas de España.

Se encuentran playas y costas como las de San Juan de los Terreros y su pequeña isla de igual nombre, Palomares, Puerto del Rey, Vera (con una de la instalaciones nudistas más famosas de España), Garrucha (importante puerto pesquero y con una gastronomía del mar muy apreciable), Mojácar (casco urbano sobre una colina y refugio de artistas), la minera Carboneras (y su isla de San Andrés), Agua Amarga, Las Negras, Los Escullos, San José y Monsul, estas cinco últimas, pequeñas poblaciones dentro del Parque Natural del Cabo de Gata.

En este lugar, casi todos los días del año suelen ser soleados, pues es la zona con menor pluviometría de España. Eso sí, cuando llueve, normalmente en otoño y a veces en primavera, suele hacerlo torrencialmente, por lo que son numerosos los ríos secos y las amplias torrenteras que desembocan en el mar.

Los peces habituales de estos parajes, que se pescan desde la costa con caña, son herreras, sargos, raspallones, mojarras, doradas, lubinas, cabrachos, serranos, doncellas, salmonetes, besugos, lisas, arañas, pageles, chopas, bailas, bogas, jureles, obladas, galanes (raós), palometas, lechas, corvinas, brecas, brótolas, salemas, etc.

Tras el cabo de Gata, Almería, con su puerto comercial y pesquero, no presenta una contaminación excesiva por su poca actividad industrial. Al otro lado de la capital continúan las playas y los acantilados:

La Garrofa, El Palmer, Aguadulce, Roquetas de Mar, Balerma y Adra son grandes zonas de cualquier tipo de pesca. En esta región se ha incrementado mucho el turismo y las infraestructuras para el mismo, que ha pasado a ser una de las principales fuentes de riqueza, junto con las nuevas explotaciones agrícolas de productos tempranos, que se cuidan bajo cubierto y se riegan con aguas traídas de fuentes lejanas. Con ambas actividades ha dejado de ser una de las zonas más deprimidas de España, experimentando un notable aumento de la renta *per capita*.

En la provincia de Granada se hallan playas de arenas no muy finas, como las de La Rábita, Castell de Ferro, Calahonda, Torrenueva (la más larga de todas), Motril y sus tres playas (Las Azucenas, playa del Puerto y playa de Poniente), Salobreña (con tres kilómetros de playa de arena gruesa) y Almuñécar (con playas de arenas más finas, como Punta del Mar, San Cristóbal, La Herradura y Berenguel).

La costa granadina muestra unas características muy similares a las de la costa almeriense, con la que conforma un conjunto natural, y en la que abundan zonas vírgenes, algo alejadas de las concentraciones habitadas. Hay algunas poblaciones costeras importantes donde existen comercios especializados en náutica y pesca (Motril, Salobreña, Almuñécar). El turismo ha supuesto también la forma más importante de actividad económica. En los últimos años han aumentado las infraestructuras turísticas y las instalaciones de hostelería, pero aún se mantiene el carácter típico de los pueblos. Como en la costa almeriense, fuera de los meses de julio y agosto, la concentración humana es reducida.

Málaga es la puerta de entrada a la *Costa del Sol,* con el pueblo marinero de Nerja y su barrio pesquero de Maro, o la famosa playa Cala de Levante, y las playas de Burriana, Caraveo, El Chorrillo, Calahonda, El Salón y Playaso, además de las típicas poblaciones de pescadores de Lagos, Mezquilla, Caleta de Vélez, Torre del Mar, Cala del Moral y La Araña (amplias playas de hasta nueve kilómetros).

Málaga capital, lugar de gran concentración de pescadores profesionales y deportivos, presenta una contaminación moderada en sus playas: El Palo, Acacias, Pedragalejo, El Chanquete y San Andrés.

Aquí comienza la zona más popular, turística y conocida de la Costa del Sol: Torremolinos, Benalmádena, Fuengirola, Marbella, San Pedro de

Alcántara y Estepona, de grandes playas no exentas de roquedos, como Calaburras en Fuengirola, y numerosos puertos deportivos. Es una buena zona para la pesca con caña, siempre que se realice fuera de los meses de verano por la masiva concentración de turistas de toda España y Europa.

Finaliza el Mediterráneo en la provincia de Cádiz, donde destacan las poblaciones costeras de Arroyo Baquero, Guadiaro, La Atunara, Línea de la Concepción, San Roque, Los Barrios y Algeciras y su Isla Verde, zonas de concentración pesquera profesional y buenas para las distintas variedades de pesca deportiva.

Ceuta es una buena zona de pesca deportiva en cualquiera de sus modalidades. Pese a su localización al norte del continente africano, sus características son similares a las del sur peninsular; igualmente son semejantes las formas, tipos y artes usados para ejercer la actividad. Es como una prolongación de Línea de la Concepción y Algeciras. Lo mismo puede decirse de Melilla, de la que debe mencionarse su famoso caldero de pescado de roca.

El Mediterráneo balear

Las Islas Baleares cuentan con numerosas zonas playeras, de bellas calas y acantilados, donde es posible practicar la pesca con gran éxito al ser lugar de refugio invernal de múltiples especies, por su riqueza de plancton y por su configuración topográfica, que facilita una rica variedad de peces de roca. También son lugar de tránsito de numerosas especies migratorias pequeñas o grandes, como atúnidos y escualos.

Se practica todo tipo de pesca, desde la profesional de altura hasta la submarina y la deportiva en playas, puertos, espigones y rocas. Por el carácter isleño, los lugareños son grandes aficionados a la pesca y amantes de la navegación.

Desde siempre, las Baleares, y especialmente Mallorca, han sido un lugar frecuentado por viajeros, veraneantes y turistas. Por ello cuenta con amplias instalaciones turísticas, además de infraestructuras para el transporte marítimo y aéreo. Abundan los puertos deportivos y los clubes náuticos, incluso de urbanizaciones y hoteles. En las poblaciones más importantes existen comercios de náutica y pesca.

Los peces en las zonas costeras con fondos arenosos son herreras, doradas, lubinas, pageles, sargos (en sus variedades de sargo, mojarra, raspallón y sargo picudo), corvinas, chopas, salmonetes de arena, arañas, raós, lisas, salpas (salemas), y entre los peces planos destacan lenguados, palayas y podas. En los lugares con fondos rocosos se encuentran salmonetes de roca, besugos, aligotes, tordos, doncellas (julias), serranos, gobios (burros o cabuts), morenas, congrios, escórporas y brecas.

Pescando con embarcación se logran, además, meros, chernas, chopas, besugos, pargos, gallinetas y brótolas, y en la pesca al curricán, obladas, dentones, serviolas, bonitos, atunes, palometas, caballas, lecholas, agujas, espentones, melvas, anjobas, llampugas, tintoreras, marrajos y peces espada.

En el norte de Mallorca se extienden los parajes de Andratx y Sóller, con costas bravas y aguas no siempre tranquilas, y al suroeste, la bahía de Palma, que llega hasta el cabo de Salinas y la isla de Cabrera. A unas 32 millas al sur del faro de Enciola, en esta isla, existe un famoso banco de pesca, denominado Emile Baudot. En el sector este de Mallorca se encuentran Cala Figuera, Porto-Petro, Porto Colom, Porto Cristo y Cala Ratjada, con pequeños entrantes de fondos arenosos. En la zona noroeste podemos ejercer la actividad en las amplias bahías de Alcudia o Pollensa, y en las localidades de Colonia San Pedro o Can Picafort.

En Menorca podemos pescar en uno de los mejores puertos naturales del Mediterráneo, el de Maó, con una extensión de cinco kilómetros, o en el también puerto natural de Ciutadella, en el lado opuesto de la isla. Al ser las dos localidades más importantes, es donde existen mejores establecimientos de material de pesca. Podemos acudir al puerto de Fornell, localidad de pesca profesional más destacada y con una gastronomía famosa por su caldereta de pescado. Cualquier lugar, no obstante, es bueno para practicar desde la costa.

En Ibiza, a 48 millas del cabo alicantino de La Nao, abundan características calas y entrantes arenosos, que alternan con fondos rocosos y de vegetación marina. Las localidades más importantes y de mayor comercio de productos náuticos y pesqueros son Ibiza, Sant Antoni y Santa Eulàlia del Riu. Como lugares de pesca es adecuado cualquier punto de la isla o de la cercana y pequeña Formentera.

El Atlántico

El Atlántico, en España, presenta tres grandes zonas: la andaluza del golfo de Cádiz, en donde se mezclan la pesca propia de este océano con especies mediterráneas, especialmente de variedades migratorias; el Atlántico de Galicia, muy rico en mariscos y peces, y similar a la fauna marina del Cantábrico; la tercera zona la conforman las Canarias, muy ricas en pesca y lugar de asentamiento de importantes flotas pesqueras por las características ictiológicas propias de la costa africana frente a la cual se encuentra.

El Atlántico andaluz

La zona andaluza del Atlántico se extiende desde Punta Tarifa, en el estrecho de Gibraltar, hasta la frontera portuguesa de Ayamonte, a través de las provincias de Cádiz y Huelva. Habitualmente se conoce como golfo de Cádiz, y turísticamente, como Costa de la Luz. Es de ribera baja, con abundantes marismas y fuertes corrientes marinas superficiales. Tiene una fauna muy variada y abundan rayas, atunes y escualos. Son unos parajes en donde, además, existen numerosas especies de paso.

Lugares famosos de pesca deportiva son el golfo y el puerto de Cádiz, la desembocadura de grandes ríos como el Guadalquivir y el Guadiana, y ríos menores como Tinto, Odiel y Piedras (en sus estuarios se refugian lubinas y bailas). En estos sitios, además, puede alternarse la pesca marítima con la de río. No deben olvidarse otros lugares destacados de pesca, como Isla Cristina, en la provincia de Huelva, cerca de la desembocadura del Guadiana, y la amplia playa de Zahara de los Atunes.

Pese a ser Atlántico, suele padecer un clima benigno en invierno, y en verano es una zona azotada por el viento. Las aguas suelen mantener una temperatura de 19 o 20 grados centígrados. Últimamente se ha progresado mucho en infraestructuras hoteleras de todo tipo. Existe una gastronomía puramente andaluza, en donde se conjugan el embutido y los guisos con platos de pescados, especialmente frituras. También es zona de vinos finos.

Hay poblaciones costeras importantes donde existen comercios especializados en náutica y pesca: Ayamonte, Isla Cristina, Lepe, Palos de la Frontera, Sanlúcar de Barrameda, Chipiona, Rota, Cádiz, Conil de la Frontera, Barbate y Tarifa. Abundan las localidades marineras y con puertos pesqueros, en los que suele haber clubes náuticos e instalaciones para embarcaciones deportivas. Es conocida la pesca profesional de atúnidos por el sistema de almadrabas.

Los principales peces que se pescan con caña desde la costa son lisas, herreras, lubinas, bailas, anjobas, serviolas, corvinas, etc. En alta mar abundan atunes, bonitos, albacoras, barrilotes, tiburones, rayas y caballas.

Las Islas Canarias

Las Islas Canarias, situadas en medio del océano, frente a la costa africana, poseen numerosas zonas de playa, bellas calas y escarpados acantilados de origen volcánico en donde practicar la pesca, con la ventaja añadida de gozar de una buena temperatura en la época invernal.

Para todas las islas del archipiélago, el turismo es una importante fuente de riqueza que se explota desde hace tiempo y que se conoce internacionalmente. Para poder atender este turismo como es debido, existe una amplia infraestructura de hoteles y restaurantes, además de servicios de transporte aéreo y marítimo.

Se practica todo tipo de pesca, desde la que practican flotas profesionales de diversos países, hasta la deportiva de embarcación de altura, la de recreo cerca de la costa, la submarina y la pesca con caña desde playas, puertos, espigones o rocas. Existen numerosos puertos deportivos y clubes náuticos, y en las poblaciones más importantes, comercios de náutica y pesca.

La fauna marina es muy abundante y variada, y en todas las islas pueden encontrarse playas amplias y calas que alternan con zonas rocosas y acantiladas para proporcionar una jornada inolvidable.

Las especies más abundantes en esta zona del Atlántico son peces loro (viejas), atunes, caballas, bonitos, albacoras, barrilotes, petos, tiburones (tiburón azul, denominado «sarda» en Canarias), marlines, corvinas, meros, serviolas, etc.

El Atlántico gallego

Galicia posee un total de 1.675,8 km de costa, la comunidad autónoma española con mayor extensión por las profundas rías y entrantes que jalonan su topografía, tanto en la zona atlántica, la más extensa, como en la más pequeña área cantábrica. El atlántico gallego se extiende desde la desembocadura del río Miño, frontera natural entre España y Portugal (en la Punta Dos Picos, de A Guarda), hasta el cabo Ortega, donde comienza el Cantábrico. Es una zona muy rica en fauna piscícola, pero de aguas bravías.

Estas costas pueden describirse como extraordinariamente accidentadas y sinuosas, llenas de acantilados y de rías donde se mezclan las aguas del mar y de los cauces fluviales. Existen rías con numerosas islas en su interior, como las de Canosa, Cíes, San Martiño, Onza, Ons, Sálvora, Toxa y Arousa, además de otras rías más pequeñas. Tradicionalmente, la mayoría de la población costera se ha dedicado a la pesca profesional, especialmente en las Rías Bajas. Abunda el marisco y los crustáceos. En consecuencia, existen numerosas especies que prefieren alimentarse con crustáceos y mariscos, que pueden usarse como cebo.

Junto a los grandes acantilados de las rías se extienden numerosas playas de finas arenas y gran belleza, muy aptas para la práctica por sus frecuentes puertos. Son muy aconsejables los lugares con rompientes de olas y los momentos de subida de marea, a ser posible, al amanecer y al anochecer. Destaca la pesca del róbalo (lubina) y cuando jóvenes salmones y truchas se dirigen hacia las salidas de los ríos en busca del mar. Abundan también los peces planos en las zonas salobres de los entrantes.

Es lugar de notables cambios entre bajamar y la pleamar, cuestión que no debe olvidarse al elegir la base. Tampoco hay que olvidar el chubasquero, pues es zona de abundante nubosidad y frecuentes lluvias, aunque no suelen ser fuertes o torrenciales.

Las Rías Altas son pequeñas y numerosas (Ribadeo, Fox, Vivero, Barquero, Santa María de Ortigueira, Cedeira, Ferrol, Ares, Betanzos, A Coruña, Lage, Camariñas y Corcubión), y las Rías Bajas, escasas y de gran superficie (Muros, Arousa, Pontevedra y Vigo).

Son paisajes en los que, en pequeños espacios de terreno, puede practicarse la pesca deportiva marítima y fluvial, con ríos tan importantes para esta actividad como el Ulla, Allones, Azaro, Mandeo, Eume, Mero y Tambre.

Al ser parajes de gran atractivo turístico, están dotados de buenas infraestructuras hoteleras. Estas comarcas destacan por su gastronomía, rica en carnes, pescados y mariscos, preparados de múltiples formas. Hay importantes localidades donde uno puede abastecerse de material y poblaciones con puertos pesqueros como Vigo, Cangas, Pontevedra, Villagarcía de Arousa, Ribeira, Muros, A Coruña etc.

Para pescar desde la costa recomendamos, por citar algunos lugares, A Guarda, Baiona, Vigo, Redondela, Moaña, Cangas, Marín, Pontevedra, Sanxenxo, O Grove, Combados, Villagarcía de Arousa,

Ribeira, Corrubedo, Noia, Muros, Corcubión, Fisterra, Muxia, Camariñas, Laxe, Malpica, A Coruña, Sada, Betanzos, Miños, Puentedeume, Ares, Mugardos, Ferrol y Cedeira.

Los peces más abundantes en la zona gallega del Atlántico son sargos, mújoles, róbalos, abadejos, bolos, fanecas, bonitos, atunes, jureles, bacalaos, dentones, palometas, corvinas, serranos, chernas, caballas y rayas.

El Cantábrico

La costa cántabra puede describirse como bravía, con profundas rías y escarpados acantilados, de aguas grisáceas, con cambios rápidos en su embravecida, normalmente originados por brisas y vientos que suelen azotar con frecuencia. Son habituales los días nublados y lluviosos, aunque no suelen ser precipitaciones de carácter torrencial. Abunda la lluvia de finas y suaves gotas, que recibe diversos nombres según la zona: orbayo en Asturias, chirimiri en el País Vasco, calabobos, etcétera. Los vientos fuertes suelen coincidir con los momentos de mayor violencia del mar, y no son extraños los temporales.

La altura del nivel del mar varía mucho entre bajamar y pleamar. Cuando las aguas llegan a su mayor nivel, suele ser el mejor momento de pesca, especialmente en las mareas vivas. Son lugares muy apropiados las desembocaduras de los ríos en la pleamar, cuando vuelven al mar los pequeños peces de especies que desovan en los ríos, como salmones y truchas. Hay que tener muy en cuenta, a la hora de elegir nuestra base, las notables diferencias de las mareas y los rápidos cambios del estado del mar. Tampoco hay que olvidar el chubasquero. No son malos los inviernos si buscamos los lugares más interiores de los entrantes, donde se refugian numerosos animales.

Como sucedía en la zona atlántica de Galicia, se conjuga la pesca marítima deportiva con la pesca en ríos salmoneros y trucheros. Recuerde que las rías son lugares preferidos de algunas variedades que buscan pescado pequeño para alimentarse, como ocurre con las lubinas y los sargos de grandes proporciones.

La fauna marítima es abundante y variada, y son frecuentes las capturas de buen tamaño y peso. Destacan besugos, corvinas, emperadores, róbalos (lubinas), sargos, chernas, caballas, bonitos, atunes, merluzas, abadejos, congrios, pintos, maragotas, mulidos y estorninos.

Sin embargo, el mar ha sufrido una fuerte presión pesquera (de peces, crustáceos y marisco) y de recogida de algas, lo que ha mermado su notable riqueza.

El paso del Atlántico al Cantábrico no supone un cambio de paisaje, de características del mar ni de variedades de peces. También es una zona rica en crustáceos, mariscos y bivalvos, que pueden buscarse para comer y para usar como cebo, pues los peces los prefieren para alimentarse.

La pequeña zona cantábrica gallega es una continuación de la atlántica, pues el cambio entre mares es geográficamente suave, en especial desde Corcubión hasta el cabo de Estaca de Vares, y las diferencias costeras, de fauna, de vegetación y climáticas son mínimas. Existen puertos pesqueros importantes, como los de Ortigueira y Vivero, y buenos lugares de pesca en numerosos rincones, entre los que destacan, además de los ya citados por su puerto pesquero, Cariño, Vicedo, San Ciprián, Cervo, Burela, Foz, Rinlo y Ribadeo.

La zona costera asturiana, o Costa Verde, posee una longitud de 439,4 km y en ella desembocan los mejores ríos salmoneros y trucheros de España: Nalón, Navia, Deva y Sor. Los paisajes son de gran belleza por su color verde y las caprichosas formas de rocas, acantilados, ensenadas y demás accidentes orográficos. La costa asturiana posee una infraestructura de hostelería suficiente y una gastronomía importante. Como puertos pesqueros destacan Musel (en Gijón), Luarca, Ribadesella, Castropol y Cudillero. Otras zonas costeras con posibilidades de pesca desde la playa son Muros, Navia, Tazones, Villaviciosa, Avilés, San Juan de Nieva, Luanco, Candas, Lastre, San Juan de las Arenas y Llanes.

En la zona de Cantabria, de 283,7 km de longitud, desembocan otros grandes ríos trucheros y salmoneros, como el Pas y el Miera. Los paisajes, al igual que ocurre en Galicia y Asturias, son de una gran belleza por su colorido, sus frondosos bosques casi hasta el mar, las estribaciones montañosas hasta las orillas y las caprichosas formas de rocas, acantilados y ensenadas. La ribera está surtida de abundantes playas, preparadas para recibir turistas y veraneantes con correctas infraestructuras de hostelería. Cuenta con buenas rías para refugio de embarcaciones. Los pueblos costeros de Cantabria fueron tradicionalmente pescadores, y

La pesca desde arenales y playas

conocidas eran sus lanchas traineras y los vapores que se dedicaban a estos menesteres. Destacan localidades como San Vicente de la Barquera, Comillas, Suances, Santander capital y su famoso puerto pesquero, Astilleros, Noja, Santoña, Laredo, Colindres y Castro Urdiales, además de lugares de reconocida fama, como la punta de Sonabia y la ría de Oriñón. Es fácil la alternancia de la pesca costera desde arenales y playas con la de acantilados y rocas.

La belleza paisajística se extiende hasta la costa vasca, de 378,9 km de longitud, más accidentada y acantilada en Vizcaya que en Guipúzcoa. Es una zona de abundantes puertos pesqueros, que alimentan una cocina vasca basada en múltiples platos de pescado y marisco. En Vizcaya existen puertos como los de Santurtzi, Bermeo, Lekeitio y Ondárroa, y playas y acantilados para la pesca con caña como los de Santurtzi, Portugalete, Erandio, Sestao, Getxo, Algorta, Sopelana, Plenzia, Bermeo, Mundanka, Elantxobe, Lekeitio y Ondárroa.

En Guipúzcoa, la costa es más suave y menos sinuosa, pero no faltan los puertos pesqueros, muchos de ellos aprovechando entrantes naturales y desembocaduras. Es el punto final del golfo de Vizcaya. Lugares de pesca aconsejables son Deba (y su importante playa), Zumaia (en la desembocadura del río Urola), Getaria, Zarautz, Orio, San Sebastián, Pasajes, Hondarribia e Irún.

CAPÍTULO 4

El tiempo

La elección de la fecha de pesca casi nunca la hacemos por las condiciones meteorológicas, sino por motivos de vacaciones laborales. La jornada anterior hemos adquirido los cebos y, haga sol, esté nublado o llueva, si no es torrencialmente, no por ello vamos a quedarnos sin realizar nuestras previsiones.

Pero, ¿cuáles son los buenos días para pescar: los soleados, los nublados, los lluviosos, los ventosos, los fríos, los calurosos...? Dependerá de varios factores. La actividad pesquera no es igual en invierno que en verano, primavera u otoño, estas dos, en principio, las mejores estaciones para practicar. Tampoco es igual en el Mediterráneo que en el Cantábrico, en la Península que en Canarias.

¿Tiene importancia la hora? ¿Cuándo vamos: de día, de noche, al amanecer, al anochecer? Incluso, aunque no lo crea, es importante conocer las fases lunares, pues la luna y el mar están más relacionados de lo que parece. Veremos su influencia decisiva sobre las mareas o la alimentación de la población marina.

Entonces, ¿debe elegir su día de pesca mirando a la luna, el calendario y el reloj? No lo haga. Si tiene ganas de ir a pescar, vaya, aunque el día, la fecha y la hora no sean los más apropiados. Recuerde que esta actividad guarda algo de misterio.

Días soleados

Mucha gente elige la fecha porque hace lo que tradicionalmente se conoce como «buen día», es decir, un día soleado y con abundante calor. Pero, ¿son estos días los mejores para pescar? Depende de la estación. En pleno verano, y cuando más calor se sufre, a las horas centrales, no suele ser el mejor momento, al menos en el Mediterráneo y el Atlántico andaluz, donde las temperaturas son rigurosas. A los peces no les gusta el agua demasiado fría ni muy caliente: a más de 16 grados centígrados y a menos de 22. He leído que los vientos del norte, nordeste y este, y especialmente el llamado «viento solar» (del este), que es el que suele originar buen tiempo, producen efectos negativos en el apetito de los peces.

Si la temperatura del mar está por encima de 22 grados centígrados, las especies piscícolas no suelen acercarse tanto a las playas o lugares con pocos metros de fondo, al menos no los de cierta entidad. Hay incluso variedades que se esconden, como la llampuga, que busca lugares sombríos. Menos se acercan a la playa si la noche ha sido de luna llena o nueva.

¿Es lo mismo en invierno?: sucede al contrario en lo referente a las horas centrales del día, al menos en el Mediterráneo y el Atlántico andaluz. Recuerde, sobre todo pescando desde la orilla, que a los peces no les gustan las aguas muy frías. Si están muy frías, se alejan de la costa y permanecen a profundidades donde no experimentan cambios de temperatura, pues a poca profundidad sienten mucho más los cambios climáticos. En épocas invernales, en las horas centrales de días soleados, no es raro que se alcancen altas temperaturas y entonces hay especies que se acercan a las orillas en busca de alimento, especialmente los depredadores. De hecho, la lubina más grande que he pescado la obtuve un 23 de diciembre, cerca de la una y media de la tarde.

Aquel año, mi esposa no tuvo que comprar cena de Nochebuena.

¿Y en primavera y otoño? Depende de si el calendario, y sobre todo las condiciones climáticas, parecen estar más cerca del invierno o del verano. Primavera y otoño se pueden dividir en dos etapas. La primera mitad de primavera suele hacer todavía frío; las características de pesca no son tan rigurosas como en invierno, pero se asemejan. El equinoccio de primavera (cuando el día, al encontrarse el Sol sobre el ecuador, es igual a la noche) se considera un gran día. Después, a mediados de mayo, comienza la segunda parte de la primavera, que es una de las mejores épocas de pesca en las zonas mediterráneas, pues muchos peces se acercan a la costa en busca de alimento o para frezar.

Con el otoño ocurre algo parecido. La primera mitad suele ser aún calurosa y parece verano, aunque no con tanto rigor. Es otra de las mejores épocas de pesca. En septiembre tiene lugar el equinoccio de otoño, y octubre suele ser también un gran mes. La segunda mitad de otoño comienza a refrescar la temperatura y, según avanza, las características tienden a parecerse a las del invierno.

Yo mantengo una actitud y una idea. Siempre que nos apetezca salir a pescar y estemos preparados

La pesca desde arenales y playas

para ello, salgamos. Luego analicemos los resultados. Incluso hay quien va a pescar provisto de un bloc y un bolígrafo y apunta las circunstancias que se han dado.

Días nublados

Mucha gente no quiere ir a pescar cuando el cielo está nublado, y eso es un error. Algunos, por miedo a mojarse, y la mayoría, simplemente porque «hoy no hace un buen día». Puede que no sea un buen día atendiendo al concepto tradicional de llamar así cuando luce el sol, pero sí puede ser una buena jornada deportiva. Para pescar, son mejores estos días que los fuertemente calurosos, en especial en las épocas estivales, cuando muchas personas frecuentan la playa y menos abundan los peces.

Si vemos que puede llover, hay que ir preparado para solventar esta circunstancia con un chubasquero de capucha. En mi bolsa siempre llevo un par de chubasqueros baratos de plástico. Estos chubasqueros, bien doblados, apenas ocupan sitio.

Días lluviosos

Si decíamos que las jornadas nubladas no hay que despreciarlas, ¿qué sucede con los días lluviosos? Si la lluvia puede soportarse, entonces es una gran fecha de pesca.

Creo que los peces, advertidos de alguna manera por el ruido que las gotas producen en el agua del mar y conocedores de que ésta puede llevar materia alimenticia, suelen mostrarse muy activos y voraces y acercarse a lugares costeros.

Pescando desde playas y arenales aún se acrecienta más esta actividad de la fauna marítima. Estamos hablando de días de lluvias cortas y no demasiado torrenciales, no las trombas que ocasionan grandes avenidas de agua y arrastres.

Tengo la experiencia repetida de que, pescando desde la playa cuando llueve, y especialmente justo tras cesar el aguacero, ha picado siempre un pez de apreciables proporciones. A veces he pescado más de una corvina en un mismo día cuando se daban tales circunstancias y he practicado con más de una caña. Y con apenas escasos minutos de diferencia entre una y otra captura.

Mi deducción es que la corvina se acerca incluso a lugares no muy alejados de la orilla para comprobar qué posible alimento han arrastrado las aguas, y como la corvina, otras especies como lubinas, bailas, doradas, mújoles, etc. También pican con más actividad algunas variedades propias de esos sitios, como herreras, sargos y salmonetes, muchas

Los días de lluvia son también una excelente jornada de pesca. La ausencia de sol no motiva la falta de peces

veces de tamaño algo mayor a lo habitual.

Las capturas justo inmediatamente después de llover se incrementan en las desembocaduras de ríos, rieras, estuarios, deltas, torrenteras y ramblas, aunque la lluvia debe ser suave, no torrencial. Si llueve tan fuerte que los cauces bajan con mucho barro, las circunstancias cambian. En estas ocasiones, el agua arrastra troncos, suciedad y piedras, y los peces huyen asustados.

Si queremos refugiarnos de gotas algo grandes, cuando pescamos desde la playa podemos cobijarnos dentro del automóvil si hemos acudido con él y no está muy lejos. En previsión de que se dé esta circunstancia, es aconsejable aparcar siempre el coche desde donde pueda dominar visualmente la que será su base, y a no mucha distancia de ella, para observar las punteras y sólo tener que salir cuando el puntero indique claramente que han picado y que el pez ha quedado enganchado.

Cuando está claro que va a llover durante el día, dispongo de un chu-

La pesca desde arenales y playas

basquero más recio y consistente, siempre con capucha. Como en la pesca no es raro mancharse o engancharse con el anzuelo y producirse pequeños deshilachados y agujeros, dedico a este menester un chubasquero que aún está bien, pero que lo he jubilado como prenda de vestir. Lo mismo hago con el resto de la vestimenta: pantalón, jersey, calzado y una camisa.

En el maletero del coche también llevo un paraguas. Creo que es más útil que esté ahí que en el paragüero de casa. No lo hago por la pesca, sino por la vida cotidiana. Pero si descarga cuando pesco y tengo el vehículo no muy lejos, siempre está ahí el paraguas para tales ocasiones.

En grandes almacenes y tiendas especializadas venden chubasqueros y ropa de vestir apropiada para la pesca (botas, pantalones, camisas, jerseys, etc.). Como suele ocurrir, están más pensados para la pesca fluvial que la marítima, pero sirven para ambas. No suelen ser prendas baratas.

Días ventosos

Por muchas circunstancias, quizá los peores días de pesca sean los muy ventosos. No es sólo un problema de comportamiento de los peces, a quienes el viento influye en sus actividades alimenticias, sino que el aire mueve las cañas y no deja apreciar con claridad si se han cimbreado por una picada o por la fuerza del viento, sobre todo si el animal no es muy grande y el viento sopla en dirección variable, agitando el puntero a todos lados.

Con viento es más fácil que se enreden los hilos, incluso con su propia línea, y cuanto más finos sean, peor. Si debe realizar algún montaje, dificultará su ejecución, y el asentamiento de las cañas tendrá que ser más firme de lo habitual. Si solemos dejar las cañas en los intersticios de piedras y rocas, sin sujetarlas, no será raro que las derribe el viento.

Al lanzar el hilo, por su poco peso, la fuerza del aire lo arrastrará hacia donde sopla; aunque éste no consiga hacerlo con el peso, la lanzada describirá un gran arco en la dirección que lleve el viento. Tendrá que rebobinar más para ponerlo tenso, y aun así, se destensará y constantemente deberá ponerlo tirante. Si el viento es muy fuerte, con ráfagas superiores a 50 km/h, entonces no sólo es molesto, sino que pescar resulta casi imposible.

Si pesca con avisador de cascabel, que se pone en la puntera y avisa con su tintineo cuándo pica un pez (una táctica apropiada sobre todo para la noche), el viento más de una vez lo engañará o incluso hará imposible su uso, pues el cascabel estará constantemente sonando. Tales días suelen acontecer en la Costa Brava, en la desembocadura del Ebro y en la zona del Estrecho.

Los lugareños, que llevan mucho tiempo pescando, a la hora de realizar su actividad conocen también el factor viento, pues no todos los vientos son igual de buenos para este deporte. Hay, como en la navegación a vela, vientos favorables y desfavorables, pero no existe una norma general que sirva para todos los lugares. Si ha seguido mi consejo y se ha hecho amigo de un pescador de la localidad, pregúntele.

En general, no suelen ser favorables los vientos que soplan del norte, nordeste o este, todo lo contrario que los vientos del sur, sudoeste y oeste. Con la rosa de los vientos se dice que son favorables los que van del noroeste al sudeste, pero esta norma general puede variar según la ubicación.

Los vientos son causa principal de algunas marejadas. En las zonas de mareas, según en qué sentido sople, puede disminuir o acrecentar los efectos de la pleamar.

Elegir las horas buenas

¿Cuál es la mejor hora de pesca? ¿Debe circunscribirse a dichas horas y cambiar totalmente sus hábitos de vida? Usted verá. Ya le he dicho cuál es mi idea. Además, sobre todo si tiene un trabajo estable, casi nunca se puede elegir el momento con toda libertad.

Mantenga mi actitud. Siempre que nos apetezca y estemos preparados para salir a pescar, salgamos, y luego analicemos los resultados. Además, si tuviera en cuenta todos los factores de días, horas, estado del viento, las aguas, el cielo, etc., quizá serían muy pocas las ocasiones en las que podríamos practicar nuestro deporte favorito.

La noche

Las mejores horas de pesca son las de la noche, y cuanta más luminosidad tenga la luna, mejor, especialmente los días de luna llena y luna nueva. El momento cumbre es dos días después de ambas, cuando se produce la sicigia (conjunción de la Tierra, la Luna y el Sol en un mismo eje). La sicigia de plenilunio es como un farol que ilumina los mares en días despejados y activa el hambre y las ganas de cazar de los peces, máxime si soplan suaves vientos del sur o del suroeste. Cerca de la costa, muchas veces la luna llega a iluminar el fondo del mar.

La buena pesca de noche se incrementa en los meses calurosos. Los animales han estado inactivos, e incluso escondidos, en las horas fuertes de sol, y cuando vuelve el frescor con el final del día necesitan alimentarse. Esta realidad comienza desde mediados de la primavera y continúa en verano y principios de otoño, dependiendo mucho de la climatología y la temperatura del lugar que elijamos. En la primavera y el otoño, esta mayor actividad de los peces se prolonga más en el orto y en el ocaso.

De noche siempre es más incómodo pescar, e imposible si no se dispone de muy buena visión y se va provisto de potentes linternas o aparatos luminosos. Debe tener mucho cuidado al desenganchar las capturas. Fíjese bien en la pieza, no vaya a ser que se trate de un pez peligroso, venenoso o mordedor. En definitiva, al realizar la actividad en horas de luna, probablemente pesque mucho más, pero debe prestar mayor atención. .

Yo pesco de noche desde la playa en un paseo marítimo que ilumina también la arena y la orilla. Muchas veces me he puesto a pescar cuando aún hay luz de día y apenas he notado picadas. Cuando ha anochecido totalmente y las lámparas iluminan con fuerza la orilla, comienzo a notar fuertes picadas y a lograr capturas. Lo consigo, además, lanzando no muy lejos, a unos 40 m. Ahí, el agua suele tener una profundidad de un metro y medio. Hasta esa distancia, donde cae el anzuelo, llegan los rayos luminosos. Creo que la luz atrae a los peces e incrementa su apetito.

El día

Entonces, ¿debemos despreciar siempre la luz del día para pescar? No. De noche se pesca más, especialmente los días de luminosidad lunar y en las épocas calurosas, pero ello no quiere decir que no se puedan obtener buenas capturas tras el amanecer.

Por lo que llevamos escribiendo en párrafos precedentes se desprende que las horas de luz solar son más aconsejables para pescar cuando las temperaturas no son elevadas, a finales de otoño, invierno y principios de primavera, y que son mejores los días nublados o lluviosos para pescar con luz solar, pero usted, como yo, tendrá experiencia en el carácter misterioso de la pesca. Es eso que los pescadores deportivos de mi pueblo dicen: «si al pescado le da por comer…, pero si le da por no comer…».

El orto

El orto es la palabra culta y no muy utilizada para nombrar la salida del sol por el horizonte, lo que vulgarmente se llama «amanecer». Es uno de los momentos mejores para pescar. La sabiduría popular dice que, para pescar, hay que ser madrugador y saltar de la cama antes que el sol porque una de las mejores horas es cuando el sol se levanta. Por eso, los buenos pescadores se despiertan de noche, para que el alba los coja ya en su puesto de pesca, y aprovechan esos momentos del orto.

También se dice que dormilones, apáticos y perezosos no son buenos pescadores, pues no hacen este pequeño sacrificio y esfuerzo por un mayor logro. Por regla general, cuando nos levantamos con la noche aún cerrada para aprovechar los primeros rayos del sol, luego podemos compensar, si no es día laborable, con una reparadora siesta después de comer.

Al principio del orto, muchas veces se hace necesario el uso de linternas o aparatos luminosos o bien colocarse en playas junto a un paseo marítimo

El amanecer, al igual que el anochecer, es un momento excelente para la pesca. Durante este período, la actividad piscícola es sumamente activa, ya que coincide con las horas de búsqueda de alimento de la mayoría de las especies

La pesca desde arenales y playas

iluminado. Si pican cuando aún no se ve bien, compruebe que no se trate de un pez peligroso o agresivo.

El ocaso

El ocaso se produce cuando el sol desaparece tras el horizonte y comienza a anochecer. La semántica ha dado a esta palabra un sentido de decadencia y declinación, por aquello de que muere la jornada, y se usa como sinónimo de dicha vicisitud (el ocaso de un artista, el ocaso de los dioses...).

Este sentido semántico no sirve para la pesca porque el ocaso constituye otro de los grandes momentos de actividad de los peces. Esta actividad se acrecienta cuando el tiempo camina hacia el calor, desde el equinoccio de primavera hasta la primera mitad del otoño.

Como sucede durante el orto, también hay que ir provisto de linternas o colocarse en una playa iluminada, si es que no hay bañistas, y tener mucho cuidado al desenganchar los peces del anzuelo.

El poderoso influjo de la luna

La luna, como se conoce desde la antigüedad, ejerce poderes mágicos sobre la Tierra, y no olvide que la pesca guarda siempre algo de má-gico. El hombre primitivo atribuía al poderoso influjo de la luna y al humor de los dioses los días de abundancia o escasez de pescado.

Aunque ya no seamos como el hombre primitivo, la luna tiene influencias mágicas sobre el mar. Los científicos explican el movimiento de las mareas y las corrientes por el poderoso influjo de la luna y por la rotación del globo terráqueo. No es la única causa, ya que también influyen los vientos. Científicamente, podríamos decir que el ciclo de las mareas se explica por el efecto combinado del sol y la luna, que es lo que otorga a la masa de agua de los océanos su movimiento de vaivén sobre el litoral.

En las zonas de fuerte influencia de las mareas, como el Cantábrico y el Atlántico, los mejores momentos de pesca se producen en la pleamar. Ocurre dos veces cada mes lunar, es decir, cada catorce días, dos días después del plenilunio o de la luna nueva. Estas sicigias y los equinoccios de marzo y septiembre también son los mejores días de pesca en el Mediterráneo, aunque los niveles de las mareas apenas son perceptibles.

Las tablas solunares

Existen unos cuadernillos que se editan todos los años y se venden en las tiendas de pesca, las tablas solunares. En ellas se determinan los momentos en los que los peces están activos y pican más. Suelen ser dos períodos al día: uno, de máxima actividad, y otro, de actividad más moderada, con una duración de unas dos horas cada uno. Se llaman tablas solunares porque dichos momentos se determinan, como en el caso de las mareas, conjugando la posición del Sol, de la Luna y de la Tierra.

Los pescadores, especialmente los de aguas dulces, suelen tener gran fe en estas tablas, pero también pueden influir otros factores, como la orientación de los vientos, la temperatura del agua, etc. Cuando comenzaron a conocerse originaron cierto escepticismo, pero ahora incluso las publican mensualmente las revistas especializadas.

Las estaciones

La pesca puede realizarse durante todo el año, pero las características varían según el mes y el lugar en el que nos encontremos, de acuerdo con los cambios climáticos.

Ya hemos dicho varias veces que un factor importante para los peces es la temperatura del agua. Otro factor es la orientación de los vientos, que no soplan igual ni de la misma forma según las estaciones del año. Por eso no es lo mismo pescar en verano que

en invierno, a principios de primavera y otoño o a finales de dichas estaciones. Estas diferencias, en la península Ibérica, son más notables en las zonas cálidas del Mediterráneo.

Verano

El verano no es la mejor época para pescar por lo ya apuntado de que a los peces no les gustan las aguas demasiado cálidas. Si las aguas presentan una temperatura superior a 22 grados centígrados, los peces se alejan de la costa, hacia profundidades donde no repercute el calor exterior. Este aspecto es más notorio en los mares cerrados, como el Mediterráneo, que en mares abiertos como el Atlántico y el Cantábrico. Asimismo, el estío suele ser más riguroso en las costas mediterráneas y atlánticas de Andalucía.

En verano es cuando mejoran las condiciones de pesca por la noche, el orto y el ocaso. También se acentúan las características favorables de la luna llena y de la luna nueva si refrescan las temperaturas. Aumenta la bondad de los días nublados o lluviosos, aunque es la estación con mayor número de días de sol. En los lugares influidos por las mareas, se hacen más notables los momentos de plenilunio y luna nueva, con fuertes cambios en el flujo y el reflujo del agua.

Otoño

El otoño es una buena época de pesca, especialmente los meses de septiembre (uno de los equinoccios) y octubre, que puede ampliarse a noviembre si la temperatura no es muy baja. Pescando desde la costa con caña suelen picar doradas, obladas, salmonetes, herreras, sargos y los siempre activos gobios.

El otoño debemos dividirlo en dos etapas: el principio y el final de otoño. La primera es la mejor época de este período, pues la segunda se acerca a las características invernales. No obstante, siempre se debe observar la temperatura ambiental y la del mar para adivinar cómo puede ser la jornada de pesca. Si las aguas se aproximan a los 16 °C, o están por encima, miel sobre hojuelas. La herrera, en la segunda mitad de otoño, comienza a mostrarse reacia durante las horas del día y más activa al anochecer en las cercanías de la playa. Ciertas variedades, en esta segunda mitad, a mediados de noviembre, empiezan a buscar zonas de ensenadas, calas, rías y desembocaduras como refugio de invierno, cuando se inician los bruscos descensos de temperatura.

Invierno

En invierno, por regla general, ocurre todo lo contrario a lo manifestado para el verano: si las aguas tienen una temperatura inferior a 16 grados centígrados, los peces no suelen acercarse a la orilla. Es otra de las estaciones no demasiado favorables a la pesca. Los ictiólogos señalan que los peces tienen menor actividad y gasto calórico, por lo que sus necesidades alimenticias son menores. Este aspecto es más notorio en las aguas de mares cerrados, como el Mediterráneo.

No puedo desaconsejar la pesca en invierno porque, ya lo conté, la lubina más grande la conseguí un 23 de diciembre a la una y media de la tarde.

En las calas profundas y cerradas, en rías y desembocaduras, se refugian muchas especies en busca de aguas menos afectadas por los cambios climáticos. Días no muy fríos y horas soleadas son, por contra, un buen momento para obtener apreciables capturas.

Primavera

La primavera es una época muy buena de pesca, aunque, como en el otoño, hay que dividirla en dos etapas. La mejor es normalmente la segunda mitad. En la primera, a veces, todavía hace frío y las aguas están por debajo de la temperatura preferida por los peces, pero no hay que olvidar que en marzo transcurre

La primavera marca el inicio de la temporada de pesca. Coincide con el aumento de la temperatura del agua y la época de aproximación de numerosas especies a la zona costera, bien por necesidades alimentarias o reproductoras

el equinoccio de primavera, otro de los momentos cumbres de la influencia lunar. Hay que estar pendiente de la temperatura, del tiempo y del estado del mar.

Desde el 15 de mayo a finales de junio (a veces, si no hace demasiado calor, también a primeros de julio) es la mejor época. Además, comienzan las temperaturas agradables para el cuerpo humano y se está más confortable en la playa. Incluso al sur del Mediterráneo se puede comenzar a llevar vestimenta de baño y a tomar los primeros rayos de sol de la temporada.

Muchas variedades se encuentran activas y con grandes deseos de comer, pues empiezan la reproducción o acaban de frezar y necesitan una mayor dieta. Pican mucho las herreras, los salmonetes, las distintas variedades de sargo, los serranos, los tordos, las corvinas (mejor en días de lluvia), las doradas, etc. Algunas especies comienzan a salir de su refugio de invierno según aprieta el calor; y se acercan a espigones o lugares más cercanos a la costa.

Elegir las aguas

En la pesca también influye el estado de las aguas: no es lo mismo un mar tranquilo o con fuertes mareas, un mar limpio y transparente o uno sucio y movido, etc. El estado del mar hará variar la conducta de las especies piscícolas.

Tranquilas

Las aguas de mar muy tranquilas, por regla general, no suelen ser demasiado buenas, sobre todo cuando están muy limpias y transparentes. En los lugares con aguas siempre muy tranquilas y transparentes, los peces tienen que alimentarse alguna vez, pero si son mares como los de la Península (incluido el Mediterráneo, salvo el mar Menor), en los que se alternan días de aguas tranquilas con otros más movidos, los peces suelen preferir estos últimos para buscar alimento.

Movidas

Son mejores, como decíamos, los días de aguas algo movidas. No me refiero con temporal, pues serían aguas peligrosas. Hay una cosa que todo pescador debe tener muy claro: por ningún pez, por grande que sea, merece la pena arriesgar la vida.

Son mejores los días con algo de oleaje. Creo que los animales piensan, y a lo mejor con razón, que el movimiento de las aguas va a permitirles descubrir gusanos, crustáceos e insectos que les sirvan de alimento. Si el agua presenta cierta turbiedad y no hay mar de fondo, ya comprobará que es lo idóneo.

También llevo observando que las aguas movidas tras un temporal, cuando aún queda algo de agitación y oleaje, ofrecen una muy buena situación para pescar desde playas o escolleras, buscando precisamente los lugares donde las olas rompen. En estas ocasiones, además, no es necesario lanzar muy lejos. A veces se pesca en la misma orilla, sobre todo si son playas que en seguida poseen cierta profundidad.

Los fondos

A cada tipo de pez le gusta un fondo: algunos buscan arena; otros, rocas o vegetación. La altura o profundidad de las aguas también determina el hábitat de cada variedad; así, existen peces de litoral y de plataforma continental (los que interesan a la pesca deportiva), de talud continental y de zona abisal.

Peces amantes de las arenas son la herrera, el salmonete de arena, la araña, la corvina y la casi totalidad de peces planos, como lenguados y palayas. Amantes de entrantes y ensenadas son peces como la herrera, la dorada, el sargo, la mojarra, la oblada, la salpa o salema, la chopa, la lubina, la corvina, el gobio, el mújol, etc. Otras especies prefieren piedras y rocas para esconderse en ellas, como todos los tipos de sargo (sargo, mojarra, raspallón), salmonetes de roca, salemas, serranos, tordos, escórporas, julias, cabrillas, gobios, morenas, congrios y, a cierta profundidad, sargos picudos, brecas, aligotes, corvinas y besugos.

Los mejores sitios para pescar son aquellos donde existe cierta conjugación de fondos arenosos, roca y vegetal, lo cual no es difícil de encontrar. En ellos se concentra casi la totalidad de la fauna costera.

Las mareas

Las mareas constituyen el movimiento periódico de ascenso y descenso sobre el litoral de las aguas marinas. El nivel se eleva y desciende en cambios alternativos cada seis horas, es decir, cuatro veces al día, (dos mareas altas y dos mareas bajas por jornada). El mes lunar es de 28 días y se divide en cuatro períodos de marea: dos de aguas vivas, cuyo máximo sucede dos días después de la luna nueva y dos des-

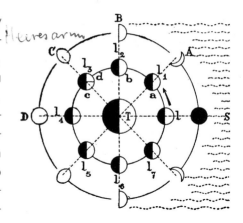

Posiciones de la luna

pués del plenilunio (cada catorce días), y dos períodos de aguas muertas, cuyo mínimo se alcanza dos días después del cuarto creciente y del cuarto menguante. Dos veces al año tiene lugar el equinoccio: en marzo (equinoccio de primavera) y en septiembre (equinoccio de otoño).

La sabiduría popular explica las mareas como la influencia mágica de la Luna sobre el mar, y algo tienen de razón. Cuando el Sol, la Tierra y la Luna están paralelos sobre un mismo eje, se producen las mareas vivas, y cuando este eje conforma un ángulo recto, se originan las mareas muertas. Observe el dibujo.

En España, los efectos de la marea son inapreciables en el Mediterráneo y notables en el Atlántico y el Cantábrico, en donde siempre deben tenerse en cuenta para elegir la base. Es conveniente conocer cuáles son los días y horas más activos. En esas zonas se pesca más en pleamar que en bajamar, y son mejores las pleamares que siguen a las mareas vivas que a las mareas muertas.

Los vientos también son causa de movimiento de las aguas. En el Mediterráneo son la causa principal de marejadas y mala mar. En las zonas de mareas, el viento, según el sentido en que sople, puede disminuir o incrementar los efectos de la pleamar.

¡Ojo con olas y mareas!

Ningún pez, por grande que sea, merece que ponga en aprieto nuestra vida. Por eso, cuando elijamos el lugar de pesca, debemos comprobar que una ola no nos pueda hacer daño, así como tener presente la pleamar y la bajamar. Ni daño a nosotros ni daño al equipo.

Está precaución hay que tenerla más presente en la costa del norte de la Península, donde los flujos y reflujos son perceptibles, que en la mediterránea, donde los temporales aparecen con menor frecuencia y las variaciones de mareas son inapreciables.

La pesca, en principio, no es un deporte con peligros, siempre y cuando seamos sensatos y la prudencia nos anime a dejar de practicarla cuando las circunstancias así lo indiquen. La prudencia nos marcará la necesidad de acudir a pescar los días de temporal. Además, con mar de fondo, los resultados serán malos. No se aventure en lugares demasiado arriesgados, y en el norte, vigile el flujo y el reflujo de la marea.

En Galicia y el Cántabrico, en donde es notable la diferencia de nivel de las mareas, muchos peces acuden en la pleamar a los lugares que la bajamar dejó sin aguas. Creo que buscan gusanos o moluscos que puedan flotar. No olvide lo que decíamos cuando repasamos geográficamente los lugares de pesca de España: en las pleamares producidas en entrantes de ríos trucheros y salmoneros, en la época en que los alevines buscan la salida al mar, desde la costa es fácil lograr capturas de especies de respetable tamaño que persiguen a estos pececillos como alimento.

CAPÍTULO 5

El material de pesca

Es importante el material que llevemos. En este capítulo vamos a revisar, uno a uno, los pertrechos de nuestra actividad. Lo mínimo es una caña con un hilo, un anzuelo y un cebo apetitoso para las posibles capturas. Con ello se puede, si se tiene mucha suerte, pescar.

Pero es necesario llevar también algunos utensilios más para mayor comodidad, como carrete de rebobinado, plomos, trapos o guantes, torniquetes, algo para guardar las capturas, agujas de colocar cebos, sujetacañas, etc., y ciertos repuestos porque en ocasiones se pierden parte de los aparejos, especialmente el final de los anzuelos, la denominada «línea secundaria». Por eso hay que llevar anzuelos, plomos, balines y esmerillones de recambio.

También es oportuno llevar ciertos materiales auxiliares que necesitará utilizar para montar y desmontar los aparejos y para otro tipo de contingencias que se presentan durante la actividad: salabre, tijeras, navaja, desembuchadores, alicates, abrebocas, un cepillo o brocha, etc.

Hay que hacer una selección apropiada para llevar en una bolsa o mochila lo necesario en abundancia, pero no en exceso, para que no tengamos que dejar de pescar por falta de material, y debidamente elegido para no tener que «tirar de un carro» si llevamos demasiados pertrechos.

¿Se pesca más con lo más caro?

Recuerde: la pesca es azarosa, y un chiquillo armado con un arte rudimentario de propia fabricación puede ser quien más consiga. Los peces pican para satisfacer sus necesidades alimentarias, atraídos por el cebo, y les traen sin cuidado si los aparejos de pesca son caros o baratos. Los peces no saben si son buenos o lujosos. No se dejan influir por la publicidad o el concepto de marca. Caen porque tienen hambre y les atrae el cebo.

Sin embargo, una vez enganchado, hay que conseguir sacarlos, y el material debe ser el mejor posible para este logro. La caña es importante para que aguante la acción y no se rompa; el sedal debe ser capaz de soportar el peso y los movimientos del pez una vez ha picado; el anzuelo debe tener el tamaño y la forma adecuados, y la punta afilada, para que se ensarte mejor y no pueda soltarse; y el carrete debe permitir rebobinar con rapidez para culminar la acción con éxito.

Un buen carrete debidamente engrasado, caña e hilo que resistan, unos anzuelos idóneos y un sedal adecuado no son siempre los más caros del mercado y pueden conseguirse a precios aceptables en tiendas especializadas y en grandes almacenes con sección de pesca. De todas formas, en la compra de material, y muy especialmente al adquirir cañas o carretes, le recomendaría que no adquiriera lo más barato.

Unos buenos materiales debidamente cuidados y limpiados pueden durar toda la vida. De ahí que aconseje que, si puede hacer un pequeño esfuerzo, elija la mejor calidad que su bolsillo pueda pagar, sobre todo si ese mismo dinero lo va a utilizar en peores utensilios y de menor duración. Escoja bien porque los pertrechos no pueden probarse antes de usar. Muchas veces constituye mejor

inversión un poco más de desembolso que un material más barato pero que va a durar menos tiempo o a fallar en el momento clave.

Mi primera caña, no demasiado cara, de bambú y por piezas, tiene más de cuarenta años y todavía la conservo, aunque no la uso. La primera caña telescópica que tuve, con la que pesqué mi primera trucha, de buena marca y apenas de tres metros y medio, aún la sigo usando con frecuencia y buenos resultados, incluso en el mar, tras treinta años de buenos servicios.

Material de repuesto

Perder aparejos no es infrecuente. Anzuelos y plomos suelen engancharse en rocas, algas, suciedad de los mares, etc. La línea secundaria siempre debe ser algo más fina: 5 mm hasta sedales de 45, y de 5 o 10 mm a partir de sedales de 50.

Hay peces que se introducen en cuevas y rocas. Este contratiempo hará romper más de una vez nuestras líneas y aparejos, por lo que siempre hay que llevar ciertos repuestos de plomos, balines, anzuelos y esmerillones, que es lo más fácil de perder. Por suerte, son artilugios relativamente pequeños, no muy caros, y salvo los plomos, no muy pesados. Se venden en bolsas o cajas de 10 o 20 unidades.

Hay que llevarlos en número suficiente para no tener que dejar de pescar porque nos falte un repuesto, pero tampoco llevar tal volumen que nos incordie o nos llene de lastre. La cantidad necesaria estará proporcionalmente relacionada con las dificultades del lugar donde piensa instalar la base. Si sabe que el sitio presenta un fondo que favorece fáciles perdidas, lleve unos repuestos más.

Yo llevo incluso unos corchos con líneas secundarias ya montadas, a veces incluso usadas, de distintos lastres y anzuelos que, con torniquetes de imperdible, se cambian en segundos según las necesidades. Llevo tres corchos: uno para anzuelos simples grandes (del dos y del cuatro); otro para pequeños (del seis, ocho y diez), y el tercero, con anzuelos triples para pescar con sardina. Es una forma muy rápida de reponer o de cambiar un anzuelo si pensamos que no es el adecuado en un momento determinado. Si se pesca de noche o con poca luz, es casi imprescindible llevar este sistema, pues resulta muy difícil realizar montajes a la luz de la luna y la linterna.

Cañas

Desde arenales, y sobre todo desde la playa, el principal tipo de pesca será la de lanzado y a fondo.

Hay que efectuarlo con cañas convenientemente largas, de 3,5 m en adelante, para evitar el constante movimiento de las olas y que la línea entre en el agua antes de que las olas rompan. La altura dependerá un poco del estado del oleaje. Si la mar está llana, valen incluso cañas de menor longitud, aunque no lo recomiendo porque no es práctico disponer de una caña que sólo sirve cuando la superficie está tranquila. Si hay oleaje, cuanto más elevado sea, más longitud de vara se necesitará.

Es difícil encontrar cañas de más de 7 m, aunque existen incluso de 10 m. Son difíciles de manejar las que tienen más de 6 m al ser poco dúctiles y muy aparatosas. Aunque se fabriquen de un material liviano, en las cañas superiores a 7 m se acumula mucho peso, y además tienden a enredarse. Para estas dimensiones se hace imprescindible el uso de portacañas, instrumento siempre recomendable cuando se practica desde la playa.

La caña tiene que elegirse de acuerdo con la capacidad física, en el sentido de que no tiene que cansarnos y debemos tener facultad para manejarla. Debe ser más ancha en el mango y acabar en puntero, y ser flexible pero resistente, con una vibración que sólo repercuta de la mitad

Las nuevas tecnologías han permitido la obtención de modernas cañas, fabricadas con materiales ligeros y resistentes, que sólo precisan pequeños cuidados para que duren toda la vida. Están dotadas de una potencia tal que permite realizar lanzados a gran distancia y emplear plomos de elevado peso

de la vara hacia la cimera y en una sola dirección, de arriba a abajo, sin oscilar hacia los laterales. El mango debe acomodarse a la mano. Se elegirá de acuerdo con el tipo de pesca que vayamos a realizar y teniendo en cuenta que su peso lo podamos soportar.

Cuanto mejor cuide las cañas, más le durarán (quizá toda la vida). Hay quienes, después de un día de actividad, la desarma y la limpia, una tarea imprescindible si va a pasar mucho tiempo sin volver a utilizarla.

Del bambú a la fibra de carbono

Caña es el tallo leñoso, hueco por dentro, de algunas plantas gramíneas, que muchas veces alcanzan 3 o 4 m de altura, más en el caso del bambú. Su flexibilidad y

forma (una base gruesa que se afina hasta acabar en punta) no pasaron inadvertidas para la humanidad como instrumento ideal para pescar.

La importancia de la caña en la pesca es tal que, cualquiera que sea el material del aparejo (metálico, fibra de vidrio o fibra de carbono), se llama siempre «caña».

La caña más utilizada ha sido la de bambú, una planta gramínea subtropical cuyos tallos leñosos a veces alcanzan los 20 m de altura. También se emplea para la fabricación de muebles y como material auxiliar de la construcción. Sus brotes tiernos son comestibles y se venden como alimento.

En los comercios especializados aún se encuentran cañas de bambú como homenaje a los muchos siglos durante los cuales ha sido el mejor material para pescar, pero poco a poco el bambú se ve desbancado por nuevos materiales, como fibra de vidrio, fibra de carbono y metales ligeros, menos quebradizos y pesados para iguales dimensiones. No obstante, algunos románticos prefieren usarlas todavía.

- *De fibra de vidrio*

Se trata de un polvo o viruta de vidrio compactada con resinas sintéticas. Las cañas de fibra de vidrio son las más extendidas hoy día: un buen material, no excesivamente caro, que ha permitido imponer el concepto de caña telescópica, aunque también, por imitación a las de bambú, se fabrican en piezas que se empalman. Soportan una fuerte carga, son flexibles y con buenas vibraciones. Son huecas, ya que pesarían demasiado si fueran macizas.

- *De fibra de carbono*

Son muy buenas, aunque algo más caras que las de fibra de vidrio. El sistema de fabricación es similar, salvo que en vez de viruta de vidrio se usa de carbono. Son aún más resistentes y presentan una vibración menos oscilante y más fija en los sentidos oportunos: sólo al final de la vara, de arriba a abajo, sin desviaciones a los laterales. Una de las diferencias más notable con las cañas de fibra de vidrio es la firmeza de la cimera. Con este material se fabrican cañas telescópicas y por piezas.

Por piezas

Hay quien prefiere las cañas por piezas que se empalman, aunque están siendo desbancadas por las telescópicas. Tienen el inconveniente de su falta de comodidad: montar y desmontar al comenzar y al acabar de pescar, y a veces, incluso, si se quiere cambiar de lugar. Además de la propia incomodidad y la pérdida de tiempo, a veces cuesta encajar o sacar los empalmes, sobre todo con el paso de los años. Hay que tener un cuidado extremo para que las partes metálicas de los ensamblajes no reciban golpe alguno.

Hasta la aparición de las cañas telescópicas, las piezas constituían la única forma de tener una caña de más de tres metros, pues las dimensiones largas en una sola pieza sólo eran factibles si se pescaba muy cerca de donde se vivía y uno se dirigía andando a la base de actividad. Aun hoy, son así todas las existentes de bambú, y se imita el sistema con otros materiales más modernos, como las fibras de vidrio o de carbono.

Telescópicas

Muy cómodas. Las distintas partes se embuten unas dentro de otras, y no hay que montarlas y desmontarlas cada vez que empezamos o concluimos la jornada. Incluso pueden dejarse con todos los aparejos, plomos y anzuelos si va a pescarse durante una temporada seguida.

Si llevo más de una caña, para evitar que se enreden los aparejos de unas con otras, en la base dispongo un pequeño agujero o peana de corcho donde engarzo la punta del anzuelo, procurando no forzarlo, luego rebobino, dejando el hilo tirante, y dejo el freno echado. Coloco una goma elástica en la parte final y aprieto el sedal con dos o tres vueltas. Las gomas evitan que los anzuelos se suelten y se puedan liar las líneas de unas cañas y de otras.

Como quedan reducidas a una longitud de 1,5 m, son muy fáciles de transportar e incluso de dejarlas montadas en el maletero del automóvil. De hecho, esta facilidad de llevarlas en el coche o incluso en los transportes públicos constituye uno de los principales avales de su éxito.

¿De qué longitud?

Depende de dónde y cómo pesquemos. En la practicada desde playas y arenales deben tener más de 3,5 m para sortear el oleaje de las orillas. A veces, si el oleaje es algo fuerte, se necesitarán incluso de mayor longitud, y si el agua está muy tranquila podrán usarse de menor longitud. Pero si va a comprar una caña, le recomiendo de 4 a 6 m.

Las de 4 o 5 m suelen ser muy polivalentes y sirven tanto para pescar desde la playa, si no hay mucho oleaje, como desde rocas y puertos, e incluso para pescar a la boya. Recuerde que, a partir de los 7 m, es más difícil encontrarlas, salvo las de pesca a la valenciana o a pulso, y para ciertas artes de tipo fluvial. Existen incluso de 10 m de longitud, propias de la pesca a fondal. A partir de 6 m, las cañas se hacen más difíciles y pesadas de manejar, aunque sean de materiales ligeros.

Portacarretes

El portacarretes suele constar de unas abrazaderas o anillas móviles que ajustan el carrete en la base de la caña. En caso de abrazaderas o anillas metálicas, deben ser inoxidables, y si son de plástico o cualquier otro material, deben tener la consistencia necesaria para cumplir su misión.

A veces, si llevan mucho tiempo y se han mojado con agua de mar, la sal y el polvo atascan los sistemas de afloje. La grasa de silicona constituye una solución si necesita desajustar el carrete. Se vende en aerosol. Hay ocasiones en las que se precisa incluso una llave inglesa o calentar para poder aflojar, con cuidado de no quemar la zona atascada. Algunos aceites multiusos industriales son perjudiciales para esta misión, pues aunque en principio pueden desatascar, luego forman ciertos residuos que favorecen los atascos.

Lo mejor es desajustar los carretes de vez en cuando y limpiar las roscas o sistemas de funcionamiento. De obligado cumplimiento es una limpieza a fondo si ha utilizado uno de estos aceites industriales o si alguna ola ha alcanzado los carretes. Se limpian con agua dulce y un trapo, y luego cepillando la zona afectada.

También hay que observar que las características de abrazaderas y sujetadores sean apropiadas para los carretes.

Anillas

La principal misión de las anillas es la de conducir el hilo, más importante de lo que parece a simple vista para un buen funcionamiento, sobre todo para la buena salida de la línea desde la bobina del carrete al lanzar y para una mejor y más rápida recogida. Para que el sedal no sufra enganches y rozamientos, se reviste su interior de porcelana o ágata, también para que este roce no cause desgaste en la anilla. La parte metálica debe ser inoxidable.

El número de anillas dependerá de la longitud de la caña. Deben estar debidamente espaciadas y de un tamaño progresivamente descendente, desde el mango a la cimera. Siempre hay que colocar todas las anillas bien orientadas, verticalmente y en línea con el carrete, para que el hilo vaya recto y salga y se rebobine sin atascarse ni frenarse, es decir, con facilidad y suavidad. Mientras esté pescando, conviene observar, cada vez que vaya a lanzar, que las anillas permanecen alineadas verticalmente y que la línea, por tanto, pasa recta a lo largo de la vara; si no es así, corrija la mala colocación.

La última anilla, situada en la punta de la cimera, es fundamental para un buen lanzado y una perfecta recuperación.

Hilos

Desde muy antiguo se han usado líneas fabricadas con materiales vegetales y entrañas de animales. En la Edad Media se descubrió la seda y el hilo de este material, que pronto se impuso en la pesca individual, hasta el punto que sedal es la forma de denominar al filamento de pes-

Los modernos sedales, fabricados a base de poliéster o polivinilo, han desplazado por completo al primitivo sedal de hilo de algodón o cáñamo
Existen en el mercado multitud de marcas de sedales, todas ellas de extraordinaria calidad, que sólo se diferencian en que se han diseñado para tipos concretos de pesca

car, cualquiera que sea el material de su fabricación. Con el descubrimiento de la seda, la pesca experimentó un gran auge como actividad deportiva de los grandes señores, junto con la caza, en la época feudal. Sin embargo, este material es muy caro y poco impermeable, por lo que debe tratarse con parafina.

En el siglo XX se descubrió el hilo de nilón, un filamento sintético fabricado con la cristalización molecular del carbón, dé gran elasticidad, permeabilidad y resistencia. Mucho más barato, se ha impuesto en casi toda la pesca (incluso en redes e hilos trenzados) y casi se emplea en exclusiva para las cañas, desbancando a otros materiales como la seda, el cáñamo, el lino o el algodón, que tenían el inconveniente de ensortijarse y ser susceptibles a la permeabilidad y putrefacción por los efectos del agua marina.

El nilón se mide por el grosor de su diámetro: para la pesca, se fabrica desde 10 a 200 en monofilamento, y más en hilos trenzados. La línea de mar suele ser algo más recia que las fluviales y debe tener un hilo primario, el de la bobina del carrete, y otro secundario, el que lleva los anzuelos, algo más fino (en caso de enroque sin posibilidad de salvamento, es por donde cederá la ruptura). La línea secundaria debe tener un diámetro unos 5 mm más fino (si es un 35 la principal, de 30 la secundaria). En hilos por encima de 50 puede ser de 5 a 10 mm más fino (si es un 60 la principal, un 50 la secundaria). Si utilizamos anzuelos ya montados, la línea secundaria será la que lleve el propio anzuelo, cuyos hilos variarán en función del número y tamaño del garfio (normalmente suele ser del 30, salvo en anzuelos muy pequeños o muy grandes).

Bien cuidados, los hilos duran varios años, pero si empieza a notar que un hilo se parte con facilidad al apretar un nudo, es conveniente cambiarlo antes de perder una pieza. Tiene que ser resistente, pero a la vez dócil para anudar y hacer lazos. Lo que principalmente afecta su estado son los rayos del sol y el calor, además de la sal que siempre llevan cuando se pesca en el mar. Para cuidarlos bien, de vez en cuando conviene sumergirlos en agua dulce y así eliminar las minúsculas partículas de salitre que siempre quedan en ellos. Hay quien hace esta operación metiendo toda la bobina del carrete.

¿De qué grosor?

No es conveniente una línea muy fina (muy propensa a enredarse por cualquier motivo, incluso por el propio viento) ni muy gruesa (salvo que vaya a lugares con peces superiores a 10 kg). En la pesca de playa debe ser mayor de 20 y menor de 40. Tenga en cuenta que un hilo del 35, el que suelo utilizar para este tipo de actividad, soporta la tracción de un pez de más de 8 kg (y los fabricantes, como medida preventiva, calculan por lo bajo). De este calibre entran más de 200 m, incluso en bobinas de carretes no muy grandes.

Para elegir el diámetro hay que considerar qué tipo de pesca va a realizar, qué plomo utilizará y cuál es la dimensión y capacidad de la bobina del carrete.

¿Cuántos metros?

Con cañas de lanzado, por lo menos 200 m. Es la extensión habitual de los hilos de 20 y 50 mm de diámetro. Si la bobina lo permite, algunos prefieren poner 300 m debidamente anudados. La capacidad de la bobina del carrete es el que fijará la máxima extensión posible. En la parte externa de la misma suelen venir serigrafiadas unas escalas que indican la extensión según el diámetro.

Con el tiempo y los enredos, esos metros irán menguando en pequeñas cantidades. De todas formas, prefiero que el hilo no rebose del todo la capacidad máxima de la bobina del carrete, pues si está excesivamente colmado es fácil que se suelte, e incluso enrede en la salida o la recogida.

¿De qué color?

Da igual. Hasta ahora elegía la tonalidad por su discreción y similitud con el color del agua. Es lo que había leído siempre como conveniente y, en verdad, los colores azulados, verdosos o grisáceos suelen ser los más corrientes. Un día me

puse a hacerlo con un hilo francés amarillo chillón, casi fosforescente, que se incluía de regalo en un carrete que compré. No soy supersticioso de este color, pero pensaba, de acuerdo con libros que había leído, que con un color tan llamativo no se me iba a dar bien porque los peces lo verían con mucha claridad.

Mi sorpresa es que pesqué igual o más, tanto al lanzado (el carrete era liviano, pero lanzaba muy bien) como a la boya. Desde entonces pienso, en contra de lo que se escribe muchas veces, que a los peces les tiene sin cuidado el color del hilo. La fauna marina va al cebo y nada más, pero muchos textos siguen afirmando que el color debe ser discreto. Y aunque no lo crea, se producen grandes discusiones y polémicas sobre el color de los sedales.

Plomos

Para que el anzuelo y el cebo del aparejo vayan al fondo, donde más peces buscan alimento, es necesario lastrar la línea con peso. Ello se hace mediante plomo preparado ya para montar: el hilo pasa por su interior, que está horadado. Existen muchos tipos, derivados de su forma, y de distinto peso. También sirven para que, al lanzar, actúen de balanza conductora de nuestro impulso. Cuanto más plomo pongamos, más lejos llegaremos (en función del tipo de caña utilizado), pero más enojoso será recuperar la línea y más fácil es que se enganche.

Debemos llevar varios plomos de repuesto porque no es difícil perder alguno con enroques, sobre todo si va fijo en la línea secundaria. Pueden volver a utilizarse más de una vez, aunque los que disponen de una perforación para el hilo muy fina, suelen obturarse con sales y suciedad. Con una aguja, a veces la misma que utilizamos para ensartar la sardina como cebo, podemos reabrirlos, y bañándolos en agua dulce si la obturación es por salitre, éste se disuelve.

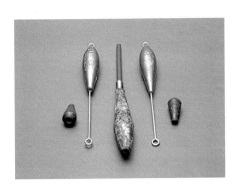

Los plomos utilizados para la pesca al lanzado pueden adoptar múltiples formas, desde las más tradicional (esférica) hasta la más aerodinámica, en forma de gota de agua y con una cola para estabilizar su vuelo durante la trayectoria del lanzado

¿De qué peso?

El peso de los plomos está en función de la potencia de la caña y del diámetro del hilo, pues tiene que ser capaz de soportar la acción de la lanzada. Un lastre desproporcionado a nuestra línea puede romperla fácilmente.

Para un hilo del 35, el plomo debe pesar unos 100 g. Si el sedal es más fino, debe ser menos pesado, y si es más grueso, puede aumentarse el peso. En muchas cañas viene serigrafiada o impresa la capacidad de peso idónea para la misma, aunque los fabricantes suelen indicarlo por lo bajo.

¿De qué forma?

Existen plomos de múltiples formas: oliva, torpedo, pera, pirámide, cónico, de espiral, esférico, de gusanillo, cilíndrico, etc. Para la pesca desde playa y los fondos con arena vale cualquier tipo de plomo. Si hay rocas o algas, son mejores los que no tienen aristas ni esquinas pronunciadas porque tienden menos a enrocarse. Confieso que soy partidario de los plomos de torpedo u oliva. También uso a veces los de pera (más si van al final de línea y pesco con hilo grueso y caña recia para pez grande) y pesos a partir de 100 g montados con anzuelo triple y sardina de cebo.

Últimamente se están imponiendo (son los que uso ahora) unos pesos de cierta forma de oliva con un pequeño tubo de material de plástico, a veces fosforescente (aleta aerodinámica). Son muy fáciles de montar (lo que se hace en la línea primaria justo antes del esmerillón) y adoptan, al recoger, una forma que ahorra los enroques. Quedan como plomos corredizos hasta el torniquete y el comienzo de la línea secundaria. Son plomos pesados, a partir de 100 g, y aunque se pierden con menor facilidad, también alguno se extravía.

Los perdigones

Balines o perdigones son unos pequeños plomos de forma redondeada, con una hendidura o raja que se cierra apretando una vez pasado el hilo. Pescando a fondo al lanzado desde la playa, se ponen para sujetar el plomo, que iría bajando hasta el anzuelo si este se monta en la línea secundaria. Los más grandes también se usan para aumentar algo el lastre.

Para que los balines no se corran impulsados por el peso del plomo, suelo pasar el sedal dos veces por la hendidura antes de apretar. Así quedan fijos e inmóviles. Cuesta un poco más, sobre todo si no se tiene práctica, pero merece la pena porque no variarán su posición. Cuando se uti-

liza este método hay que elegir con precisión el lugar antes de colocarlos, pues luego no existe posibilidad de cambiar de posición. Tanto si se da una o dos vueltas, no es conveniente apretar el balín de forma que pueda dañarse el nilón.

Con boya se utilizan para que la línea baje en vertical desde el corcho. En este caso no debe excederse el peso porque se hundiría el corcho, ni tampoco quedarse corto (se nota cuando el corcho está tumbado y a la deriva). Como no habrá plomo que los mueva, es mejor no colocarlos con doble vuelta, lo que permitirá, si no se ha apretado demasiado, variar la ubicación según convenga. En un caso y en otro son irrecuperables; una vez puestos, son difíciles de quitar e imposibles de utilizar más de una vez.

Anzuelos

Hay evidencias de que en el paleolítico ya existían anzuelos que se fabricaban con huesos de animales o tronquitos de pequeñas ramas. Los anzuelos del neolítico comenzaron a ser curvos y a buscar la forma de los anzuelos actuales (garfio). A medida que la humanidad descubría los metales y cómo manipularlos, comenzó a darse cuenta de la idoneidad de este material para el final de los hilos de pesca.

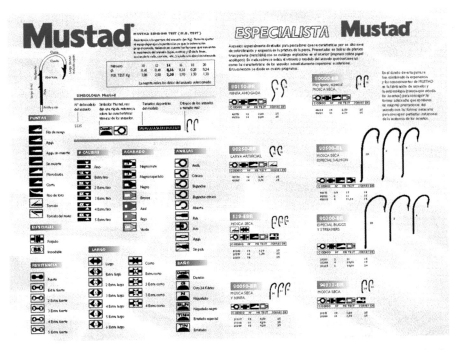

Los modernos anzuelos reúnen todas las propiedades indispensables: inalterabilidad a la corrosión marina y eficacia ante la picada. Su agudeza no disminuye con el uso y dificilmente se oxidan

Procure no utilizar anzuelos estañados o niquelados, ya que una vez pierden su baño de protección, se oxidan con facilidad

Hay que tener cuidado de no clavarse los anzuelos. No es grave (salvo los muy grandes o los clavados a mucha profundidad), pero resulta molesto y doloroso y pueden, si no están limpios, causar pequeñas infecciones. También debe procurarse que no se enganchen en la ropa.

Determinados olores muy fuertes, como los de gasolina, pinturas, aguarrás, petróleo, etc., repelen a los peces, por lo que los anzuelos nunca deberán guardarse junto a tales sustancias, ni tampoco los cebos. No hay que olvidar que los peces poseen un olfato muy agudo.

¿De qué tipo?

Los anzuelos deben ser de hierro fuerte y resistir, dentro de lo posible, la acción corrosiva del agua salina, por lo que son mejores los estañados

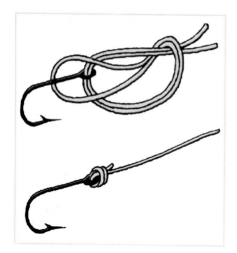

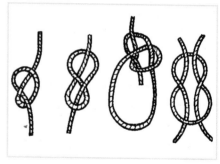

Montaje de un anzuelo

o de acero inoxidable. La punta tiene que ser siempre muy aguda. Si vemos que están afectados, mohosos u oxidados, hay que cambiarlos. Si hemos enrocado fuerte y lo salvamos, a veces se abre su curvatura, lo que se corrige con unos alicates de pico de cigüeña, o bien hay que cambiarlos porque muy cerrados o muy abiertos pierden parte de su efectividad. El moho y la oxidación pueden evitarse antes de que aparezcan bañando los anzuelos en agua dulce después de utilizarlos en el mar. Si se despuntan, especialmente en caso de anzuelos grandes, pueden afilarse.

Los compro montados por comodidad y porque la diferencia de precios es mínima. De todas formas, en el dibujo se explica cómo montarlos por si usted quiere hacerlo.

¿De qué tamaño?

Como se ha dicho al hablar del hilo y del plomo, no hay que pecar por exceso ni por defecto. En los anzuelos pequeños se escapan los peces grandes (a veces puede quedar enganchado alguno), y con anzuelos grandes, aunque alguna vez pueda caer por sorpresa algún pez pequeño, por regla general, los alevines van mermando el cebo sin prender en él.

El tamaño se mide con números, pero no están unificados entre los distintos fabricantes. Entre diferentes marcas notará que un mismo número no coincide en tamaño. Incluso algunos fabricantes marcan el anzuelo más grande como el número uno, y para otros, el uno, o incluso el cero, es el anzuelo más pequeño.

Siempre es mejor disponer de varios tamaños para escoger el número apropiado según las circunstancias de pesca del momento. Cuando van montados, suelen venderse en bolsas de diez anzuelos, dejando ver el primero de ellos para apreciar el tamaño. Suelo llevar varios números por pares de mi marca habitual: del diez (los más pequeños que llevo), del seis, del cuatro y del dos (para cuando pongo cebo grande).

¿Brillantes u opacos?

Existe cierta polémica sobre si los peces aprecian los tonos plateados o brillantes. Unos afirman que los atraen, y otros, por el contrario, que los ahuyentan. He usado anzuelos plateados y no plateados, y no he notado diferencias a la hora de picar. Además, normalmente el pez no lo aprecia porque va tapado por el cebo.

¿Uno o más?

Ciertas personas prefieren pescar con más de un anzuelo por línea, con dos e incluso tres, lo que multiplica las posibilidades de captura. La reglamentación señala que no se pueden poner más de tres por línea. Sin embargo, con más de uno se multiplica el gasto de cebo y, sobre todo, los enganches y enredos. Y cuando enganchamos, incrementamos también las pérdidas de aparejo.

Carretes

El carrete es un aparato de tracción mecánica cuya misión consiste en almacenar el hilo ordenadamente en la bobina para una fácil salida cuando lanzamos, y que va dotado de un sistema de tracción para recuperar el sedal enrollado y poder utilizarlo de nuevo sin enredos. Junto con la caña, es el aparejo de mayor importancia, el de coste más elevado y sobre el que más debemos meditar a la hora de adquirirlo.

En el mercado existe una amplia oferta de precios, calidades y marcas. Vuelvo a repetir que muchas veces es mejor realizar un pequeño esfuerzo si nuestro bolsillo lo permite, que adquirir un material deficiente por ahorrar unas pesetas. Si lo cuidamos, puede durar muchos años, incluso toda la vida.

Antiguamente, los hilos se enrollaban a mano sobre un pequeño tronco o trozo de caña, y luego, en dos discos paralelos unidos en su centro, como dos ruedas pequeñas, y un eje con un manubrio recuperador, antecedente de algunos carretes rudimentarios aún existentes. Era un artilugio basado en la rueca. Con la revolución industrial, fijándose en los carretes utilizados por la industria textil, se imitó el movimiento de la lanzadera. En Inglaterra apareció, a finales del siglo XIX, el carrete para lanzado, que posteriormente llegó al continente europeo y es el que se ha impuesto.

La idoneidad de este aparato mecánico de recuperación se mide por la facilidad de lanzado y de rebobinado. Factores importantes a tener en cuenta son el peso total del artilugio y la velocidad de su acción. Algunos permiten cambiar con cierta celeridad la bobina, con hilos de distinto diámetro, según las necesidades que se presentan.

El carrete cuenta con tres partes principales: la bobina, donde se almacena la línea; el sistema de recuperación con la manivela, y el aparato mecánico que permite el lanzado y la recuperación. Luego suelen disponer de un freno para evitar el retroceso del hilo, lo que produciría enredos, y a veces, un segundo freno regula la bobina. Si tienen partes metálicas, deben ser inoxidables, y si son de otro material, debe ser anticorrosivo y resistente a la acción de los vientos y las aguas marinas.

Los carretes salen perjudicados si se mojan con agua de mar. Aunque esto no ocurra, si queremos que nos duren, hay que limpiarlos, cepillarlos, petrolearlos y engrasarlos periódicamente.

¿De qué tipo?

Existen dos tipos de carrete: los de tambor fijo y los de tambor móvil (el clásico para curricán).

Para pescar desde la costa al lanzado será de tambor fijo, un carrete que sirve también para otras muchas modalidades. Hay varias marcas disponibles en los comercios especializados, algunas muy conocidas y que se anuncian en las revistas de la actividad, y otras muchas, no tan famosas y con menor publicidad. De ambos tipos de marcas existen modelos muy buenos, con precios variables.

Uno de los mejores carretes que tengo por su calidad de lanzado y de recuperación es el más barato. Incluso diría que es el carrete con el cual consigo más peces, pero creo que no hay que ser cicateros en la compra de un carrete que va a durar muchos años, o toda la vida, si lo cuidamos. Al adquirir mi preferido, que estaba de oferta, confié en los consejos de uno de mis proveedores habituales, y además percibí al tacto que el carrete poseía movimientos mecánicos muy buenos.

Los carretes de pesca actuales son verdaderas joyas de precisión. Fabricados con materiales inalterables a la corrosión marina, están dotados de cuatro o cinco cojinetes, otorgan una gran fuerza de recuperación y constituyen un valioso instrumento para el pescador aficionado cuando debe recuperar una pieza de buen tamaño
Algunos modelos disponen de freno micrométrico, cambio rápido de bobina, diferencial de retroceso silencioso y otras muchas cualidades
Dado que es la única parte mecánica del equipo de pesca, debe buscar siempre la mejor calidad que pueda permitirse

Existen carretes con un dispositivo que avisa cuando ha caído un pez. Lo llevan en el eje de la bobina y, al tirar del hilo, provoca un ruido similar al de las carracas de feria. Suelen llamarse «carretes de carraca».

A la hora de adquirirlo no hay que fijarse sólo en el color o la estética del carrete, sino en la calidad y buen funcionamiento del aparato mecánico.

¿De qué tamaño?

El carrete debe ser siempre proporcional a las características de la caña. Si ésta es ligera, debe ser ligero, y si es larga y recia, más grande y fuerte. Es absurdo poner un carrete enorme en una caña pequeña que vamos a utilizar para capturar peces de reducido tamaño, y también es incorrecto lo contrario, aunque en ambos casos podría tener suerte y obtener capturas. Otro factor determinante del tipo y tamaño será la cantidad y el grosor de línea.

¿Y si soy zurdo?

Existen carretes especiales para personas zurdas y otros en que la manivela puede cambiarse, a izquierda

El material de pesca

o derecha, en una operación sumamente sencilla y que apenas requiere unos segundos. Es conveniente realizar este cambio en casa, antes de salir a pescar. Si lo hace en el propio lugar de pesca y se desprende alguna arandela o pieza pequeña, puede perderla.

Los trapos Lappen

Cuando se va de pesca es importante no olvidar llevarse trapos, que tienen múltiples funciones. Pueden valer retales de telas viejas e inservibles ya para uso doméstico. Algunos deben ser recios y duros, pero manejables, y otros, más suaves.

Los trapos suaves y livianos sirven para asearse las manos tras ensartar los cebos, para secarlas cuando se mojan, para limpiarse después de desenganchar los peces, y para secar las salpicaduras del mar en cañas y carretes. Los trapos recios se utilizan como protección, para que los peces no nos claven las púas de sus aletas. ¡Ojo con las púas venenosas! Incluso con trapos o guantes, debemos evitar las aletas dorsales y operculares, que es donde llevan los radios venenosos.

Guantes especiales pueden encontrarse en comercios del ramo y grandes almacenes con sección de pesca. A veces, en grandes superficies comerciales y de bricolaje ofertan guantes de uso industrial, a muy buen precio, que pueden utilizarse para pescar.

Sujetacañas

Es necesario llevar sujetacañas para no tener que permanecer siempre con la caña en la mano. Si pesca desde rocas, puede suplirse por hendiduras existentes entre éstas, aunque yo prefiero buscar un hueco y colocar el portacañas en él porque el roce de las piedras puede dañar el mango de la caña (y cuando un pez pica es posible que, con la excitación, seamos menos cuidadoso al sacarla). En playa es imprescindible usar los sujetacañas, pues todo el día con una caña de cuatro metros en la mano, lógicamente produce fatiga. Está claro que si disponemos de más de una caña, necesitamos un sujetacañas para cada una de ellas.

Aunque existen diversos modelos, se están imponiendo los metálicos, que se componen de una vara de algo más de 1 cm de diámetro y unos 60 cm de longitud, acabada en punta. La vara lleva unos aros soldados, del mismo material y diámetro, y una base pequeña. Se inserta la punta de la vara en la arena o hendidura de la roca, y queda enhiesta. La caña se coloca dentro de los aros y se apoya en la base.

Mosquetones

Los mosquetones reciben numerosos nombres, que aquí mismo hemos utilizado: esmerilón, torniquete, quitavueltas, etc. Son unos pequeños utensilios metálicos que sirven para empalmar la línea primaria con la secundaria, evitan los nudos directos y permiten poner y quitar esta unión fácilmente y sin tener que romper o cortar los hilos al desmontarla. Se venden normalmente en bolsas de diez o más unidades, según su tamaño, lo que permite disponer de material de repuesto, pues no siempre se salva cuando enganchamos la línea y, además, sufre la erosión del agua del mar.

En la línea principal, para colocarlos, tenemos que hacer un pequeño lazo y, luego, introducirlo por una

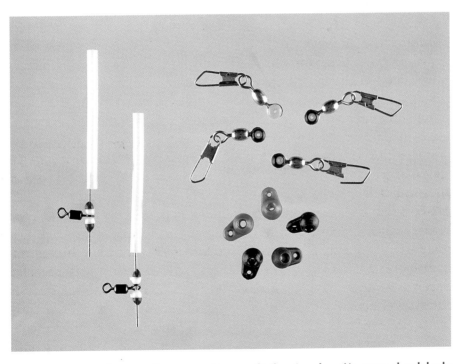

Los mosquetones y los esmerilones permiten una fácil y cómoda unión entre el sedal y la tanza del anzuelo, sin necesidad de recurrir a complicados nudos. Ello es muy de agradecer en horas nocturnas, cuando la visibilidad es nula o deficiente

pequeña argolla, pasar todo el mosquetón por el círculo del lazo y apretar. Si no sabe hacerlo, pida que se lo enseñen en la tienda especializada donde los compre. Viéndolo hacer un par de veces, será suficiente para aprenderlo. Para desmontarlo, hay que realizar la operación contraria. Para la línea secundaria suele existir una especie de imperdible, con un tope que se abre para pasar el lazo y, una vez engarzado, cerrarlo. Hay que fijarse únicamente que el imperdible quede bien cerrado en los topes para no perderlo. Para desmontar, se abre el imperdible y se saca el lazo. Schleife

Constituye la unión ideal para la pesca costera con caña; para la de embarcación en marcha, hay otros tipos que evitan, si están bien colocados, que la línea se retuerza.

Desembuchadores y mordazas

Algunos peces tragan tanto el anzuelo o lo enganchan de tal manera que no podemos recuperarlo: si forzamos, podemos romper el hilo; otras especies pueden morder los dedos si los acercamos demasiado a su boca. Para facilitar esta tarea existen los desembuchadores o descarnadores. Constan de una varilla metálica fina, de algo más de 15 cm de longitud, que en su final posee una hendidura por donde se pasa el hilo: Se introduce en la boca del pez (mejor disponer de un abrebocas) y, cuando alcanza el anzuelo, se gira para desengancharlo. drehen

Otro elemento útil es la mordaza o abrebocas, cuya misión consiste precisamente en abrir la boca del pez mientras intentamos desenganchar el anzuelo con las manos o el desembuchador. Ambos aparatos son especialmente indicados para las capturas grandes y con amplia boca.

Respecto a los peces que muerden, si les ve los dientes, ya es una señal de que no debe acercar los dedos, aunque algunas especies no poseen dientes y también son agresivas. En estos casos hay que usar siempre el descarnador e incluso, como hago a veces, desenganchar la línea secundaria, sustituirla por otra y esperar a que el pez esté bien muerto para desprenderlo.

Salabre, garfios y bicheros

El salabre es un instrumento para recoger los peces una vez están a nuestro alcance, con el fin de que no se suelten en el último momento al alzarlos por su peso y sus movimientos. Se trata de un mango largo (cuanto más, mejor), de unos dos metros, que al final posee un aro con una bolsa o red, similar a los cazamariposas. En la pesca desde la playa tal vez se puede prescindir de él por el carácter llano del lugar, aunque en alguna ocasión resulte útil. Si se pesca desde roca o desde embarcación, se hace imprescindible para evitar que las capturas, especialmente las de buen tamaño, se suelten al subirlas. Hoy día se fabrican salabres plegables, más fáciles de transportar, pues son de una pieza, como las antiguas cañas, son difíciles de llevar y sólo útiles cuando se pesca muy cerca de donde se vive y se llega andando a la base.

Garfios y bicheros se componen de una vara larga, de unos tres metros o más, que acaba en un gancho punzante para ensartar los peces y ayudar a alzarlos. Es un elemento a usar con los peces de gran tamaño, especialmente en la pesca del curricán de altura y la pesca a fondo.

Guardar lo pescado

Una vez obtenido el pez, hay que guardarlo para que no se seque demasiado ni pueda ser atacado por algún depredador. Se puede hacer manteniéndolo en una cesta o bolsa, preferiblemente vivo. El mejor medio de conservación es la propia agua de mar: uno de los métodos más sencillos y utilizado consiste en un simple cubo lleno de agua, donde se introducen los peces recién cogidos.

Existen utensilios especiales de redes de cuerda o metálicas que se venden en los comercios especializados, fáciles de transportar (especialmente los de cuerda o redecilla) porque se pliegan y ocupan poco espacio. Se abren cuando hemos capturado un pez y se pueden sumergir en el mar, lo que facilita la conservación porque así el agua se renueva. Las redes de hilo presentan el problema de que la pieza sea atacada por un depredador, como me sucedió una vez.

En la actualidad uso la misma redecilla, pero la coloco en un cubo lleno de agua de mar, con lo cual evito a los depredadores y soluciono el problema de usar sólo el cubo, pues algunos peces se vuelven saltarines e intentan escaparse. El agua la renuevo cada vez que capturo un nuevo pez.

Chivatos de picadas

Además de los carretes de carraca, en la punta suelen colocarse unos cascabeles que llevan una pinza. Cuando un pez pica, el cascabel suena, aunque en días de viento no siempre suena por una picada. Se utilizan más por la noche y en lugares poco iluminados.

Agujas y tijeras

Las agujas son unas varillas muy finas que sirven para ensartar mejor los cebos. Existen varillas de gusano y de sardina.

En las primeras, huecas por dentro, el gusano se ensarta por la boca y se introduce a lo largo de toda la varilla. Una vez realizada esta operación, la punta del anzuelo se coloca en el hueco del final de la varilla, y la lombriz se desliza en sentido contrario a como se ha introducido, con lo que traspasa el anzuelo. Así, mejora la colocación de la carnada y dificulta que el pez robe el cebo sin quedar enganchado.

Las agujas de sardina o pez vivo no son huecas; en un extremo presentan una pequeña argolla sobre la cual se pasa el hilo. Luego se atraviesa la carnada de parte a parte y se coloca el anzuelo estratégicamente. Aquí son recomendables los anzuelos dobles o triples y, a veces, más de uno.

Es importante llevar unas tijeras para mil y un cometidos. No hace falta que sean unas tijeras caras y grandes, aunque existen algunas con unas características especiales y separadoras, especialmente diseñadas para la pesca. En muchas ocasiones sirven también los aparatos cortauñas. También es recomendable llevar una navaja, que puede realizar muchas de las funciones de tijeras y cortauñas, pero sobre todo es útil para partir en trozós el cebo de sardina.

Tenazas y martillos

Las tenazas sirven para ajustar la forma del anzuelo después del enganche, para arreglar esmerilones y para otras circunstancias que se pueden dar, como apretar balines.

Algunas personas llevan martillos y mazos para los perdigones y alguna otra función. Yo uso las propias tenazas, que son consistentes, pues cerradas pueden cumplir esta misión. Otros prefieren alicates de punta fina porque son mejores para el enderezado de anzuelos, pero entonces hay que transportar también un martillo o mazo para otras situaciones.

Cepillo o brocha

Son adecuados para la limpieza. Mientras pescamos, si vemos que el carrete o la caña acumulan sales, arena o suciedad, se quitan fácilmente con un cepillo o brocha. Puede llevarse en el morral de pesca, pero también se puede limpiar en casa.

Prefiero la primera solución, pues a veces, al regresar después de un activo día, surge la pereza. Además, en el propio lugar de pesca, sobre la marcha, constituye un entretenimiento.

Linternas

Es imprescindible llevarlas si se va a pescar de noche. Además, una buena linterna permite ver si el pez que traemos puede ser peligroso, así como ensartar los cebos. También es útil para pescar al amanecer, si nos colocamos cuando aún es de noche, y sobre todo si pescamos al atardecer, en el ocaso, pues ya verá cómo siempre oscurece más de lo que hubiera deseado.

Silla

Yo no llevo silla, pero alguna vez la he echado de menos. Si acude a lugares rocosos, siempre se encuentran asientos naturales. En la playa quizá sea más necesaria, pero a veces se hallan también algunas piedras, escalones, bordillos, etc. y, en las épocas de calor, sirve la propia arena.

Aunque no la use, constituye un elemento tradicional del paciente pescador, más si es persona de edad. Existen sillas plegables para pesca a precios asequibles en tiendas especializadas y en grandes superficies comerciales. Piense si la va a utilizar. Algunas sillas especiales cuentan con sujetacañas incorporado: son útiles si acude a puertos y muelles con cañas largas, mayores de seis metros, pues evitan la fatiga que ocasionaría mantener constantemente la larga vara.

Cajas o bolsas de utensilios

Se venden cajas y bolsas donde pueden colocarse todos los elementos por departamentos, debidamente ordenados. Las cajas de plástico suelen ser más caras en las tiendas de pesca que en los almacenes de bricolaje. Es preferible que dispongan de varios departamentos, bien distribuidos y adaptados a los tamaños que necesite.

Para llevar los útiles de pesca uso una mochila escolar. Tiene un departamento grande, otro más pequeño en la parte principal e interna, y un bolsillo externo, todo ello cerrado con cremallera, y luego una tapa que cierra con un velcro.

En el compartimento grande llevo una caja de plástico con departamentos, donde se distribuyen los elementos pequeños, esmerilones, pesos, balines... En ese departamento principal incluyo también unas boyas, algún carrete de hilo y corchos con líneas secundarias ya montadas. Llevo tres: uno para anzuelos grandes, otro para anzuelos pequeños, y el tercero, con anzuelos triples para pescar con sardina. También añado algún periódico, libro o revista, a veces de pesca. En el de-

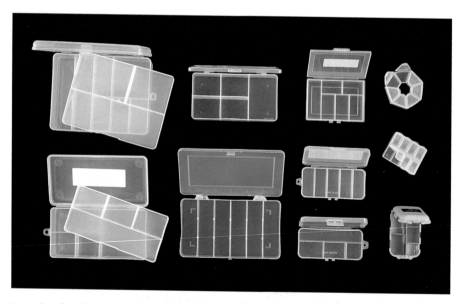

Las cajas de plástico son muy cómodas para guardar en orden los pequeños utensilios de pesca: mosquetones, anzuelos de diferentes números y sedales de recambio pueden guardarse correctamente en los distintos compartimentos. Algunos modelos disponen de una asa o correa para facilitar su transporte partamento mediano llevo las herramientas: tijeras, tenazas, navajas, cortauñas, descarnador, etc., y en el bolsillo externo, los anzuelos montados en sus propias cartucheras de papel y una gorra.

Cuando bajo del coche, que no aparco muy lejos, pongo la mochila a la espalda y cojo el cubo con una mano. En él pongo la red para guardar las capturas, los sujetacañas, los cebos, los trapos y las zapatillas de goma. Con la otra mano cojo tres o cuatro cañas, ligadas entre sí con una goma recia. Vuelvo de la misma forma, pues en el momento de marchar vacío de agua el cubo donde hasta entonces he mantenido vivos los peces.

Botiquín

Es aconsejable un pequeño botiquín con gasas, alcohol y tiritas adhesivas. Algunos ocupan muy poco espacio y suponen poco peso. Piense que puede rasparse con rocas o pincharse con las aletas de ciertos peces, que a veces sacan para defenderse. Espero que no se deje morder por peces agresivos. Utilice el desembuchador, pero de todas formas, no acerque los dedos a la boca de ciertas especies peligrosas.

El amoníaco constituye un buen remedio si algún pez venenoso (araña, escórpora) le clava sus púas venenosas. Cuanto antes se lo aplique en el lugar de la picadura, mejores serán sus efectos como antídoto. Repito que el peligro reside en las aletas dorsales (las de la parte superior) y en las operculares (las laterales, cerca de las branquias). En las playas, durante el verano, suelen existir puestos de socorro que están preparados para prestar primeros auxilios a pescadores y bañistas.

La vestimenta

Yo dedico a la pesca un pantalón, una prenda de abrigo tipo cazadora (en invierno y para las primeras o últimas horas del día), calzado y camisa, todas ellas piezas ya retiradas de la vestimenta diaria, pero todavía en buenas condiciones. Sobre todo si hace viento, no es difícil que algún anzuelo se enganche en la ropa. Por eso hay que evitar, a ser posible, jerseys y prendas de lana, y llevar ropa de abrigo, si es necesaria, como cazadoras, gabardinas o telas recias, más difíciles de que se enganchen. En verano, es suficiente vestimenta deportiva o incluso traje de baño.

Sombrero o gorra

Es imprescindible llevar una gorra o sombrero que cubra la cabeza para evitar insolaciones; obligatorio casi siempre, pero mucho más en las épocas de calor y en verano, sobre todo en el Mediterráneo, Canarias y Atlántico andaluz. Cuando llueve, permite que el agua no ciegue los ojos, y es ineludible para quienes usan gafas. También es útil cuando pescamos con el sol de frente, para que no deslumbre. Por eso, si es gorra, debe llevar visera, y si es sombrero, ala ancha.

El calzado

En múltiples momentos, incluso en invierno, la situación requiere mojarse los pies o meterse algo más en el agua. Yo llevo unas sandalias de plástico y, como ropa interior, un traje de baño tipo *slip*. Las sandalias son baratas y se encuentran en grandes superficies comerciales y tiendas de artículos para baño y playa, en especial durante la época estival. Duran muchos años y, además, constituyen una buena medida protectora si pisamos alguna araña, uno de los peces peligrosos por su veneno.

Algunas personas prefieren botas de agua con cierta longitud de caña. En ríos y lugares en los que, por el frío, no podemos quitarnos los pantalones y quedar con las piernas al aire, representan una buena alternativa si hay que mojarse los pies. No son baratas y, lógicamente, más caras cuanto más alta es la caña. Opte por botas con suela antideslizante, aunque, con todo, debe ir con precaución cuando ande sobre rocas o piedras.

Chubasquero

En mi bolsa de pesca siempre llevo un par de chubasqueros de plástico. Doblados, apenas ocupan sitio y sirven para una emergencia en un día que, de improviso, comienza a chispear o llover. Pueden utilizarse más de una vez, aunque no muchas porque el material es barato y se rompe con facilidad.

Para los días muy nublados, cuando está claro que va a llover, tengo un chubasquero de ropa más recia y consistente, tipo gabardina. Recuerde que los días de lluvia son grandes jornadas de pesca.

Otros pertrechos

Muchas veces, sobre todo en el Mediterráneo, Canarias y Atlántico andaluz, y en las épocas veraniegas, la bonanza del tiempo permite descalzarse, e incluso ponerse cómodo y fresco: quitarse la camisa, ir con pantalón corto o permanecer en bañador. En este caso, si aún no ha tomado el sol, lleve crema especial protectora para no quemarse la piel, sobre todo la cara (incluso aunque vaya vestido).

Las vestimentas especiales de pesca son más propias del pescador de río que del pescador de mar. Basta un gorro para evitar una insolación, durante los meses estivales, y un grueso anorak, en los meses de invierno, para poder practicar su deporte favorito

Si va a permanecer muchas horas, tome ciertas precauciones: colocarse una gorra o sombrero para evitar insolaciones, tomar los primeros rayos de sol poco a poco y aplicarse crema protectora antes, durante y después de pescar.

Tampoco puede ser desaconsejable llevarse algo de beber, sobre todo agua en la época estival. No es que vaya a sufrir deshidratación, pero muchas veces tendrá sed y no es malo beber si suda abundantemente. A veces, donde pescamos, existe algún establecimiento donde poder apaciguar la sed y así evitamos llevar un bulto más sobre la carga habitual. Hay quienes acarrean neveras portátiles (son muy voluminosas) o llevan agua embotellada, que tiene el inconveniente de calentarse rápidamente.

Mantenimiento del equipo

El aire marino, y aún más el agua del mar, son dañinos para los útiles de pesca porque los corroen, aunque sean de metales inoxidables. Por eso debemos cuidarlos para que nos duren. Bien atendidos, pueden aguantar toda la vida, especialmente los elementos más caros, como la caña y el carrete.

Ya he recomendado llevar siempre una brocha o cepillo para la limpieza. Mientras pesca, si ve que el carrete o la caña acumulan sales, arena de playa o suciedad, quítelas fácilmente con ese útil. Llévelo en el morral y hágalo sobre la marcha en el mismo lugar de pesca, como un entretenimiento. Si aprecia que el agua de mar ha salpicado partes de la caña o el carrete, séquelos inmediatamente con un trapo lo más limpio posible.

Otra cuestión es cuando debe recoger los aparejos por un largo período. Entonces debe desarmar y limpiar en profundidad todos los pertrechos.

Las cañas se limpian con un paño humedecido abundantemente con agua dulce; se pasa el trapo por toda la caña, insistiendo en los lugares más sensibles, como las partes metálicas, las zonas del sujetacarretes, el mango, etc. Luego se dejan secar o, mejor aún, se secan con un paño limpio. Si va a pasar tiempo sin volver a usarse, debe pasarse el trapo aunque no se haya mojado. Especial cuidado merecen las anillas, fundamentales para un buen lanzado y una buena recuperación. Hay que revisar todas sus partes y observar si las ágatas o porcelanas internas permanecen en buen estado. Si los carretes llevan mucho tiempo sin desmontarse o se mojan, la sal y el polvo atascan los sistemas de afloje del sujetacarretes. La grasa de silicona, que se vende en forma de aerosol, constituye una solución si necesita desajustar el carrete; luego se cepilla con cuidado con una brocha o cepillo.

El carrete sufre un gran desgaste, como todo material, si se moja con agua de mar. Si ocurre tal contingencia, límpielo con detalle con un paño fuertemente humedecido con agua dulce. Hay que insistir en las partes metálicas, que podrían oxidarse y enmohecerse aunque fueran de metal inoxidable). Aunque no se haya mojado, si quiere que le dure, limpie y cepille el carrete periódicamente con agua dulce, pase petróleo y engráselo. Lo mismo deberá hacer cuando deje de pescar durante un período prolongado.

Para cuidar bien los hilos y que duren, de vez en cuando conviene sumergirlos en agua dulce para eliminar las minúsculas partículas de salitre que siempre quedan en ellos cuando se secan. Hay quien realiza esta operación metiendo toda la bobina en agua dulce, una vez que se ha sacado de su carrete. Recuerde que uno de los factores que más alteran el nilón son los rayos de sol, por lo que nunca debe almacenar los hilos dejándolos expuestos a su acción. Guárdelos en un lugar cerrado, seco y oscuro.

Los plomos pueden volver a utilizarse más de una vez, aunque los que disponen de una perforación muy fina para pasar el hilo suelen obturarse con sales y suciedad. El agua dulce sirve para disolver estas sales. También pueden perforarse con una aguja del grosor apropiado, si hubiera necesidad.

Si ve que los anzuelos están mohosos u oxidados, cámbielos. Si ha enrocado fuerte, pero lo ha salvado, quizá se haya abierto, por lo que debe cerrar el anzuelo con alicates o bien cambiarlo. A veces se despuntan y es necesario afilarlos, para lo cual existen limas especiales. El moho y la oxidación pueden evitarse antes de que aparezcan bañando los anzuelos en agua dulce después de utilizarlos en aguas marinas, y luego secarlos.

La bondad del agua dulce

En los párrafos anteriores se ha evidenciado la bondad del agua dulce para paliar los efectos nocivos del aire y del agua del mar sobre el material. El agua dulce es el mejor y más natural disolvente del salitre y, por tanto, el mejor remedio contra su acción corrosiva. Una vez cumplida su misión reparadora, hay que secar el material con un trapo limpio.

Si debe utilizar aceite, busque los que sean de silicona y evite los aceites industriales multiusos. Si no tiene más remedio que utilizar éstos, recuerde limpiar después con esmero las zonas impregnadas de aceite para evitar el residuo que suele formar con el tiempo. Para engrasar, use aceite, vaselina y grasa de las que se utilizan en el cuidado de las armas.

Reparación de desperfectos

Ciertos desperfectos y roturas en cañas y carretes pueden repararse. Si es mañoso, puede hacerlo usted mismo. En caso contrario, numerosos comercios especializados reparan roturas de cañas (especialmente de las telescópicas) y punteros, o sustituyen anillas, que son los desperfectos más corrientes en las cañas. También suelen arreglar los carretes. Incluso si en su comercio habitual no realizan este servicio, le indicarán dónde puede dirigirse si se encuentra en la desafortunada situación de que un elemento se ha roto o no funciona. Si a usted no le apetece realizar el mantenimiento del material, las tiendas especializadas suelen encargarse de ello a un precio razonable.

El material de pesca

CAPÍTULO 6

Nudos y cebos

Los nudos

Dispongo de una amplia bibliografía sobre pesca deportiva y náutica. En la mayoría de libros, incluso en muchas revistas especializadas, se dedican capítulos enteros a los nudos, que se acompañan de múltiples dibujos. Cuanto más antiguo es el texto, más amplio es el espacio dedicado a los nudos: de tejedor, de llave, de pescador, de sujeción, internacional, inglés, de acoplamiento, de gaza, corredizo, flamenco, de hebilla, etc.

Este libro es distinto. De los cientos de nudos que vienen en estas páginas, en mi dilatada experiencia en la pesca apenas he necesitado dos o tres. Y cada vez se precisan menos porque aparecen útiles como los esmerilones, que evitan los siempre engorrosos nudos.

No soy muy amigo de lazos y, además, en palabras es muy difícil explicar cómo se hace un nudo. Es más sencillo aprenderlo a través de un dibujo y, sobre todo, viéndolo hacer a un amigo o en la propia tienda de suministros. Pero con dos o tres (algunos sirven para varias funciones) será suficiente. Los nudos deben ser siempre sencillos, poco voluminosos, pero seguros y firmes, y deben efectuarse los menos posibles, pues un nudo siempre constituye un punto de fricción, enganche o incluso de rotura de la línea.

Ya hemos visto cómo se coloca un hilo sobre un anzuelo para montarlo y cómo se pasa el hilo por los esmerilones. Explicaré cómo unir una línea primaria y una secundaria sin mosquetón. Enseñaré a hacer el nudo inicial de colocar el nilón en la bobina y cómo empalmar dos líneas si se quiere, aunque no soy muy partidario de esto último, salvo la primaria con la secundaria. Y estoy convencido que no precisará hacer otro tipo de nudo pescando con caña desde la costa.

Si un hilo se parte con facilidad al apretar para hacer un nudo, y no se ha forzado al hacerlo, es señal de que el sedal está gastado y es conveniente cambiarlo antes de que, por

Nudos y cebos

103

su estado, pueda perderse alguna pieza.

Ya he confesado que los anzuelos los compro montados por comodidad y porque la diferencia de precio es mínima. De todas formas, si quiere aprender, vuelva a mirar el dibujo donde se explicaba cómo engarzar los anzuelos terminados en pala.

En cuanto a torniquetes, esmerilones, mosquetones o quitavueltas, dijimos que estos pequeños utensilios metálicos se idearon para unir la línea primaria con la secundaria, evitando los nudos, y explicamos cómo engarzarlos en la línea principal.

Los anzuelos con anilla o argolla, anzuelos grandes, dobles y triples, los monto de forma similar a los esmerilones con nudo simple o de hebilla: una vez hecho un lazo en la línea con un nudo seguro, paso el lazo por la argolla y, luego, todo el anzuelo por el círculo del lazo antes de apretar. Utilizo también este sencillo sistema si me quedo sin torniquetes y uno una línea secundaria con una línea primaria. Algunos efectúan ligaduras más firmes y complejas, pero mi sencillo sistema nunca me ha fallado pescando con caña desde la costa. Muy distinto sería en el caso del curricán de altura.

No soy partidario de empalmar dos líneas y existen mejores soluciones que ésa, como comprar el hilo en una sola pieza en bobinas de mayor capacidad. Aunque las habituales son de 100 m, existen bobinas de 150, 200, 300 m, y así sucesivamente, hasta las que llevan miles de metros y sirven para rellenar el carrete numerosas veces.

Más que disponer uno mismo de una bobina de miles de metros, que tarda mucho en gastarse y el monofilamento puede verse afectado con el transcurso del tiempo, quienes las tienen habitualmente son los establecimientos, que rellenan el carrete al máximo de su capacidad y así uno puede disponer de la línea primaria en una sola pieza. A veces, algunos comercios disponen de tales bobinas porque, al comprar un carrete, sobre todo si es bueno y caro, regalan la línea que sacan de una de esas bobinas.

Si se quiere empalmar dos líneas, observe el dibujo o pida a alguien que le enseñe cómo hacerlo, pero mejor si puede evitar este arriesgado método, que representa una herencia del pasado, cuando no existían hilos de capacidad tan dúctil. En teoría, cuando se empalma, no debe hacerse con hilos de distinto grosor. Como mucho, debe haber una diferencia de 5 mm de diámetro hasta los 50 mm, y de 5 o 10 mm a partir de este grosor. Al-

ALARGAMIENTO DE LINEAS

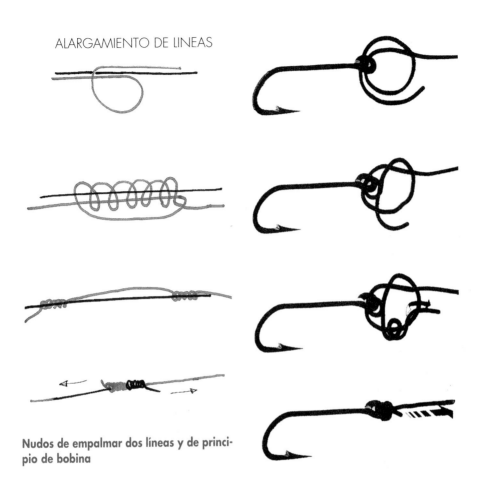

Nudos de empalmar dos líneas y de principio de bobina

gunas personas, cuando unen dos líneas, humedecen los cabos sobre los cuales se realiza el nudo para dar mayor flexibilidad.

El nudo que se ata al principio de la bobina del carrete tiene algo más de importancia, aunque si se pone hilo suficiente para no agotar nunca la bobina por muy lejos que se lance, bastarán un par de nudos normales y seguros. No obstante, si se considera más perfeccionista y quiere poner el nudo ideal y clásico, observe el dibujo siguiente.

Para mí, cuantos menos nudos existan a lo largo de la línea, mejor. Tarde o temprano, con el uso, todos se desanudan. Uno de los pocos inconvenientes del nilón radica en que es más resbaladizo que otros sedales, y si se aprieta en exceso para asegurarlo, a largo plazo puede constituir un punto de cesión o rotura. El riesgo es mayor cuanto más accidentado sea el fondo; por ello, si va a pescar sobre lechos pedregosos o rocosos, son menos aconsejables. También aumenta el riesgo cuanto más lastre tenga la línea.

Cebos y señuelos

El cebo es cualquier materia orgánica que, debidamente ensartada en el anzuelo (y ocultándolo en lo posible), sirve para tentar a los peces a que muerdan y queden prendidos. El señuelo es un artificio de engaño creado por el ser humano, imitador de los cebos naturales, con la misma intención de que el pez se clave. Existen muchos cebos y señuelos artificiales.

Los cebos hay que mantenerlos bien para que estén siempre lo más vivos posible. Una de sus dificultades es la conservación, pues los peces marinos no son carroñeros y prefieren los cebos frescos. Casi todos se degradan por el calor, por lo que nunca deben exponerse a sitios cálidos ni a la acción directa de los rayos solares.

Determinados olores muy fuertes (gasolina, pinturas, aguarrás, petró-leo, etc.) repelen a los peces, por lo que los cebos nunca deben guardarse junto a tales sustancias, ni tampoco los anzuelos. Los peces poseen un fino sentido del olfato, el más importante para conseguir su alimento.

Como ocurre en la pesca de agua dulce, es mejor utilizar cebos de animales (gusanos, moluscos, crustáceos, cefalópodos, etc.) existentes en donde pescamos, a los cuales están acostumbrados los peces. De esta norma escapan, por su universalidad, lombrices y sardinas.

Los gusanos

Los gusanos son unos animales invertebrados de cuerpo blando y cilíndrico, alargado, contráctil y anillado. Constituye uno de los cebos naturales preferidos para la pesca con caña desde la costa. Cualquier gusano es bueno, pues su retorcimiento y el aroma que despiden estimula que los peces piquen. De todos los gusanos destaca la lombriz, a la cual pican infinidad de peces. Casi ninguno, de agua dulce o de mar, se resiste a ella. Otro gusano muy importante es la tita.

Es mejor poner los gusanos enteros, para que queden bien ensartados y sean más difíciles de robar sin engancharse. Son fáciles de colocar y, si se usa la aguja, se asegura la ubicación, se oculta mejor el anzuelo y se evitan los robos sin enganche. Recuerde que las agujas de gusano son huecas por dentro y el animal se ensarta por la boca, introduciéndolo a lo largo en la varilla. Una vez realizada esta operación, la punta del anzuelo se coloca en el hueco del final de la aguja, por donde se ha ensartado el gusano, y se desliza éste en sentido contrario a como se ha introducido, traspasándose al anzuelo.

Algunas lombrices y gusanos, si no se ponen enteros, como la americana, se degradan y no sirven. Hay que mantenerlos vivos, nunca expuestos al sol ni en lugares calurosos. En la base de pesca siempre buscaremos una sombra para dejarlos. En casa podemos recurrir a sótanos, lugares frescos y húmedos, o incluso la parte menos fría de la nevera, si debe tenerlos varias horas o de un día para otro.

La lombriz más común es la beta; son corrientes las lombrices coreanas y las americanas, y existen también las ibicencas. Algunas son muy fáciles de encontrar en cajas en cualquier establecimiento de pesca donde figure el rótulo «hay cebo» o «hay lombriz»; algo más complicado es abastecerse uno mismo, salvo que viva cerca de zonas fangosas y con limo, donde abundan.

Otros buenos gusanos son los de arena de playa, que se encuentran en la zona de rompiente cuando las arenas son muy finas. Como señal de su existencia, suelen dejar aros pequeños en la arena mojada por las olas.

Los gusanos son un cebo universal, aceptado por la mayoría de las especies. En la actualidad se dispone de diferentes tipos de arenícolas, muchos de ellos importados. Son de fácil adquisición, transporte y conservación

Los más largos tienen unos 10 cm. Para cogerlos, se abre un pequeño hoyo con las manos o con una pala, y con un cedazo se criba la arena para que queden las lombrices en la malla. Permanecen a menor profundidad en las horas y épocas cálidas.

El gusano de roca posee de 10 a 15 cm de longitud; se esconde debajo de piedras en descomposición, en zonas rocosas y pedregosas.

En el norte de España puede encontrarse la nereida, gusano blanco con cierto aspecto de ciempiés, que abunda en la desembocadura de los ríos y en lechos con limo.

Si en la zona donde pesca abunda algún tipo de gusano o lombriz de mar, playa o roca, y tiene oportunidad de capturarlos, será el mejor cebo para pescar en ese lugar, pues es el que los peces del entorno están acostumbrados a consumir. Buscarlos y cogerlos constituirá un entretenimiento y el cebo saldrá totalmente gratis. Se consiguen mejor en las épocas cálidas, ya que con el frío intenso buscan una mayor profundidad.

La tita es un gusano grueso, de unos 2 cm de diámetro y 20 cm de longitud, muy apropiado para la pesca de lubinas, doradas, grandes sargos, dentones y una gran cantidad de peces, especialmente los grandes porque es un gusano de no-

tables proporciones, aunque puede cortarse en trozos.

Cefalópodos

Los cefalópodos son moluscos marinos que tienen el manto en forma de saco, como el pulpo, el calamar, la jibia y la sepia. Cortados a trozos constituyen un buen cebo, muy duro además, lo que evita el robo sin enganche (incluso ensartando peces, puede servir un mismo trozo para varias picadas). Es relativamente fácil de colocar en el anzuelo.

Hay que mantener los cefalópodos frescos, nunca pasados (cuando comienzan a coger cierto tono rosáceo). Si tienen cierto tiempo, empiezan a despedir hedor, lo que repele a los peces. Pueden mantenerse en sal (mejor sal gorda) o hielo para su conservación.

Los cefalópodos son una buena carnada, aunque esta especie ha aumentado mucho su precio en los últimos años. También sirven los calamares crudos congelados (una vez descongelados), aunque se pierde algo de efectividad.

Si los cefalópodos son pequeños y se ensartan enteros vivos, son buen cebo, aunque difíciles de conseguir. Un calamar grande, troceado, es suficiente para bastantes piezas. Parece que su color blanco provoca que el pez lo distinga a distancia en aguas claras. El calamar es preferido por lubinas, sargos, peces planos y rayas, y el pulpo, por dentones y anjobas.

Crustáceos

Los crustáceos son animales articulados de respiración branquial y provistos de caparazón. Como cebo podemos distinguir, por un lado, los de caparazón rígido (como los cangrejos), y por otro, los de caparazón más flexible (como camarones y quisquillas). Langostas, cigalas, nécoras, centollos y bogavantes tienen un caparazón duro, y gambas rojas, carabineros y langostinos poseen un caparazón flexible. Dado el alto precio de estos mariscos, no es aconsejable su uso como cebo, aunque constituye una carnada muy buena.

Sin embargo, fácilmente pueden encontrarse cangrejos en las rocas y en los rompientes de las olas, en la orilla de la playa, especialmente en días calurosos, pues se ocultan en invierno y con el frío. Los mejores meses para capturarlos y usarlos son los de la primavera y verano, sobre todo en mayo y junio. Constituyen un muy buen cebo para algunos peces, como la dorada, la lubina, el dentón y los grandes sargos.

Vivos, no duran más de un día una vez capturados y fuera de su ambiente. La mejor manera de conservarlos es en una lata o recipiente con agua de mar y arena de playa, si son cangrejos de arena, y con algunas piedras, si se trata de cangrejos de roca. Para cogerlos puede recurrirse a un pez muerto (mejor si es sardina) y un retel de los utilizados para capturar cangrejos (también puede usarse un cazamariposas).

Hay que cogerlos por detrás y no poner los dedos al alcance de sus pinzas delanteras. A ser posible, lleve guantes para evitar que le muerdan con ellas. Los cangrejos de playa pueden cogerse abriendo hoyos con la mano o con una pala, sobre todo a primeras horas y cuanto más tranquila está el agua. Puede optar por buscarlos mientras ya está con las cañas lanzadas. Los cangrejos son mejores cuando están en época de muda, sobre todo si han comenzado a romper el caparazón antiguo. Si son grandes, pueden trocearse, y si son pequeños, usarse enteros, aunque son algo difíciles de ensartar, sobre todo si acaban de mudar el cascarón porque se rompen con facilidad.

Los cangrejos pueden encontrarse en tiendas especializadas de pesca, dada su gran aceptación y consumo por parte del pescador aficionado.

Marisco

No se arruine y ponga cigalas y langostinos como cebo, y mejor aún, coja gambas en espigones. Existen reteles para capturarlas poniendo un poco de carne, un trozo de sardina o un cangrejo desmenuzado. Incluso puede utilizar un cazamariposas. Suelen permanecer en charcos grandes que quedan en la bajamar o después de aguas fuertes en las rocas. También abundan en los lugares rocosos o pedregosos con aguas no muy altas, entre los espigones. Puede buscarlas mientras pesca, si el lugar está cercano a la base.

Las gambas pueden ponerse vivas o muertas, crudas o cocidas, e incluso colas de gamba congeladas (una vez descongeladas o con un breve hervor), que no son muy caras y se venden en los supermercados en bolsas de unas 50 unidades. Las vivas se ensartan por el abdomen. Para mantenerlas vivas hay que introducirlas en un bote con agua de mar y algunas piedras pequeñas, y colocarlo a la sombra y en un lugar fresco. Aunque parezca un contrasentido, pueden encontrarse con mayor frecuencia en días calurosos y con buen tiempo. Algunas variedades desaparecen de la costa en invierno y con el frío, pero abundan en primavera y verano. Especialmente atractivas como cebo son las colas. No son fáciles de ensartar en el anzuelo y, además, al lanzar puede perderse la carnada.

Moluscos

Para cebo son mejores los bivalvos o lamelibranquios: mejillones, chirlas, berberechos, coquinas, tellinas, navajas, almejas... Unos viven en zonas arenosas (almejas, berberechos, etc.), y otros, en rocas (mejillones). De los fondos arenosos pueden obtenerse rastrillando la tierra, y los de roca, arrancándolos con las manos o ayudados de un cuchillo o navaja.

Si se adquieren en el mercado, son asequibles los mejillones y las chirlas, pero las almejas y las navajas son caras. La mejor forma de ensartarlos en el anzuelo es por la parte que los une a la cáscara, que suele ser el lugar más duro. No son fáciles de prender y, sobre todo, de que aguanten en el anzuelo al lanzar, salvo la navaja, cuya carne es más dura y muy apetecible para numerosas especies, particularmente para doradas, lubinas y sargos. Hay que quitarles los caparazones, pero algunas personas sólo quitan uno. A veces se ponen crudos, pero hay quien los hierve porque, en algunos casos, como los berberechos, son difíciles de abrir. Si se utiliza este método, el hervor debe ser muy breve, para que no se pasen y queden acartonados, con lo que perderían gran parte de su efectividad.

Los gasterópodos portan caracola y andan apoyándose en su vientre. Especies de mar son los bígaros (abundantes en el norte y escasos en el Mediterráneo), las cañaíllas, las lapas y otros caracolillos marinos. Incluso sirven como cebo los caracolillos y caracoles terrestres. Los gasterópodos marinos se obtienen fácilmente en las rocas, de similar manera a los mejillones. Los terrestres abundan tras el sol que sale después de una lluvia, aunque también se encuentran simplemente buscando entre los matorrales y plantas. Hay que desprenderlos de su caracola y ensartarlos como si se tratara de un gusano.

Si en la costa o playa se observan conchas vacías en abundancia de algún tipo de molusco, busque esta especie viva y póngala de cebo. Las conchas vacías son señal de que abundan y de que los peces del lugar están acostumbrados a devorar ese alimento.

Otros peces

El pez es un animal depredador, capaz de comerse sus propias crías o huevas. Por eso, otros peces constituyen un buen cebo, tanto si de carnada se pone pez vivo como muerto.

Los peces vivos de pequeño tamaño son preferidos por numerosas especies, fundamentalmente las de gran tamaño y fuerte actividad depredadora, como la lubina y la dorada (reinas de la pesca), además de grandes sargos, dentones, bailas, anjobas, lecholas, meros, ánguilas, morenas, congrios, chernas y toda clase de atúnidos.

No es tarea fácil ensartar un pez vivo, y aún más complicado, lanzarlo sin que se desgarre una vez conseguido. Tampoco es sencillo lograr pez vivo y es embarazoso mantenerlo. El pez vivo se usa más en la pesca desde embarcación que desde la costa, aunque también puede utilizarse, tanto al lanzado y a fondo como a la boya.

En la pesca al lanzado es muy arduo, pues hay que evitar que el pez no se rompa en la acción y se descuelgue mientras el anzuelo cruza el aire en busca del fondo. Está claro que hay que hacerlo con mucha suavidad para que no se escape y para que, una vez en el agua, se mantenga vivo. Es un sistema de frecuente enroque si no buscamos plataformas arenosas, pero debe permanecerse cerca de rocas y rompientes porque es donde más abundan las posibles capturas. Además, hay que ensartar la carnada hi-

Las sardinas, así como todas las especies conocidas como «pescado azul», son muy utilizadas como cebo

riendo lo menos posible al pez vivo, pero a la vez, sujetándolo debidamente para no perderlo. Se desgarra menos con anzuelos triples que con anzuelos sencillos, de forma que sólo una punta se clave en el animal y las otras dos queden fuera. Es preferible poner dos anzuelos: uno, abajo, y otro, en la zona dorsal, introducidos de la manera antes apuntada, lo que sujeta mejor y crea más lugares de enganche de los posibles comedores.

Hay que tener paciencia y dejar que el depredador enganche bien, que coma durante un rato, pues si rebobina muy pronto, al primer síntoma de picada, puede perderlo porque no se haya enganchado del todo o porque, tirando muy fuerte, desgarre la carnada. Este fallo resulta muy frecuente en principiantes y personas nerviosas. Tampoco es aconsejable dejar el freno del carrete a tope, sino algo suelto para que el pez, cuando empiece a picar y tirar el cebo, tenga algo de movimiento.

En algunos sitios venden vivas pequeñas lisas, bogas, salpas y otros alevines de peces de poco valor para utilizar como cebo. Se conservan en agua de mar, bien en un cubo, cambiando el agua con frecuencia (hay quien usa dos cubos para facilitar esta operación), bien en viveros y bolsas especiales de redecilla metálica fina para mantenerlos en la propia agua de mar.

Para la pesca con cebo de pez muerto, la mejor especie es la sardina, que normalmente tiene un precio barato y atrae a muchísimos peces. Como ocurre con la lombriz, constituye un cebo universal. También sirve el boquerón, pero vale casi el doble. En general, puede emplearse casi todos los peces, mejor si son azules como los ya citados, y también la caballa, el arenque y el jurel.

Hay que prepararlos, al menos seis horas antes de su uso, introduciéndolos en salmuera, lo que endurece su carne y los conserva. Mejora si, durante ese tiempo (o incluso más), esta preparación se guarda en la nevera (nunca en el congelador). Pueden colocarse enteros o troceados, según el tamaño del anzuelo y el tipo de pesca. Algunos afirman que este cebo baja su efectividad a partir del otoño, pero yo he logrado buenas piezas en esa época, incluso en invierno.

Para colocar bien el cebo se utiliza mucho la aguja de sardina. Se pasa el hilo atravesando todo el cuerpo o trozo y se colocan uno o dos anzuelos, algo ocultos en la carne (mejor si son anzuelos triples).

Masas o pastas

No suelen ser muy apropiadas para el lanzado (son un cebo algo blando), sino para la pesca con flotador. Las masas o pastas para pesca marina son más reducidas que para la pesca fluvial, que permite mayores mezclas: harina con espinacas, con habas, con cañamones, con cominos, con guisantes, con cerezas, e incluso con excremento de vaca.

Las pastas o mezclas tienen siempre un denominador común: el uso de harina, que actúa de aglutinante. Es mejor la harina de maíz que la de trigo, aunque también puede usarse ésta. E incluso puede recurrirse al pan, que por si solo constituye un excelente cebo de río y de mar: pan duro empapado en agua y, luego, conformado en bolas pequeñas como perdigones o puesto sin manipular. Algunos añaden algo de azúcar, o bien usan pan rallado para las masas.

La mejor mezcla para la pesca de mar consiste en unir estas masas a tripas de sardina, aunque resulta más barato usar toda la sardina, sobre todo si se va a cebar. También sirven arenques, jureles y caballas. Hay quien elabora esta pasta con sardinas en conserva de aceite y utiliza también dicho aceite.

Existe una mezcla muy buena para río, con cierta utilidad si se pesca a la boya en mar: la pasta con queso. Es mejor el queso fuerte y oloroso, aunque muchos, por comodidad, recurren a los quesos en porciones. También suele utilizarse patata cocida con un hervor, es decir, queda dura para ensartar pero no está cruda. Algunos cuecen mucho la patata y preparan puré, que amasan junto con la harina y los demás componentes (sardinas, arenques o queso).

Otra mezcla consta de harina, sardina, pescado azul, queso y patata. También hay quien añade a las mezclas un poco de arena fina para que, al secar, compacte mejor. Hoy día se recurre a patés o pasta de sardina o arenque, fáciles de encontrar en tiendas de alimentación. Este tipo de pastas o mezclas son muy apropiadas para los mugílidos, empezando por el propio mújol, así como para sargos, mojarras, raspallones y gobios.

Señuelos

Para el mar siempre he sido partidario de los cebos naturales, pero existen auténticos expertos de la pesca con señuelo, válida para una se-

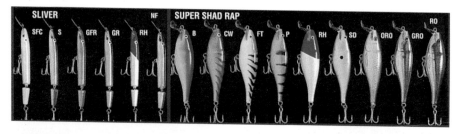

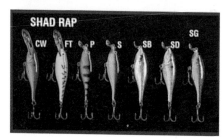

Los cebos artificiales o señuelos se usan ampliamente en la pesca al curricán, desde embarcación, o bien al lanzado, desde una playa o espigón
Algunos imitan a la perfección el movimiento que adopta un pequeño pez al nadar, mientras que otros, sin forma alguna, atraen a las especies depredadoras al deslizarse sobre la superficie del agua

rie de especies como lubinas, bailas, corvinas, mújoles y lisas. La pesca con señuelo exige permanecer constantemente tirando y recogiendo, muchas veces con el agua hasta la cintura en busca de los rompientes. Es un sistema muy utilizado por los franceses en el golfo de Vizcaya y en países europeos situados más al norte. Constituye una actividad que guarda ciertas similitudes con la pesca fluvial o lacustre: se tira el señuelo cerca y paralelo a los rompientes, se lanza y se recoge constantemente, y se camina todo el rato para variar las posiciones.

Para que los artilugios ofrezcan una correcta imitación hay que estar con el cebo en movimiento, lanzando y trayendo, puesto que deben permanecer en constante giro. En el mar no puede hacerse como en el río, donde una corriente de agua mantiene en constante volteo la cucharilla o señuelo. Como es una pesca para peces de cierto tamaño, las cañas presentan cierta rigidez y peso (aunque no excesiva longitud, unos dos metros), lo mismo que carretes, líneas y aparejos. Es una pesca deportiva algo fatigosa, aunque frecuentemente utilizada por los pescadores de lubina o de rodaballo desde la playa, con muy buenos resultados.

Existen señuelos de diversos tipos y colores, muy prolijos de enumerar: plumas, cucharillas, devones, moscas, hélices, rapalas (imitaciones de pez), simulaciones de animales marinos en vinilo y, además, la siempre ensalzada anguila de caucho. Suelen llevar más de un anzuelo de buen tamaño, doble y a veces triple. Ahora se fabrican buenas imitaciones en vinilo de pececillos, pulpos, calamares, lombrices, etc.

Algunos pescadores prefieren fabricarse su señuelo: en la pesca de río es corriente hacerse las propias moscas. Esta práctica la han seguido los pescadores de mar, que preparan también sus moscas, sus plumas y las imitaciones de gusanos y anguilas de caucho con gomas de irrigar, o los denominados «macarrones». Pueden fabricarse cebos con plumas de gallo, garza o gaviota (fáciles de encontrar en espigones y puertos pesqueros), piel de cerdo, nilón, el citado macarrón, etc.

Brumear o no

Es muy difícil cebar pescando desde la playa al lanzado y a fondo. El brumeo es útil pescando a la boya, a la valenciana o al robo desde malecones, puertos, espigones o rocas, e imprescindible si nos especializamos en la busca de lisas, mújoles o mojarras.

En estos casos puede cebarse con simple pan o con pastas más diluidas que la colocada en el anzuelo, para que ésta sea más fuerte y atraiga más por su aroma. No hay que olvidar el fino sentido del olfato de los peces. Hay que cebar en la zona donde tengamos el anzuelo para fijar la permanencia y atraer al animal.

Buscando lubinas y doradas puede cebarse con trozos de pescado barato, sardina, bogas, salpas, gobios o incluso cangrejos. En este método, y para que no se disperse demasiado el brumeo, pueden usarse unas redecillas de hilo que disponen de una larga cuerda para controlar, y luego se busca que el anzuelo caiga en sus proximidades, donde se supone que se han concentrado posibles capturas atraídas por el cebado.

Durante el cebado en el mar siempre hay que tener en cuenta el movimiento y la fuerza de las corrientes para colocar el anzuelo donde están los posibles trozos, sobre todo si son de pan, masa o de material liviano.

¿Cuánto gastarse en cebos?

El cebo puede resultar totalmente gratis si uno mismo busca los gusanos, los cangrejos, las gambas y los peces pequeños, aunque ello supone un trabajo o una distracción extra. En algunas ocasiones, sobre todo en la pesca al lanzado a fondo, podemos buscarlos con retel una vez instalados, si el día está tranquilo, el lugar de búsqueda se encuentra cerca de la base y no perdemos de vista la cañas. Aunque para las primeras lanzadas algo deberá tener...

La mayoría de establecimientos de pesca venden cebos, especialmente gusanos, lombrices de arena, betas, coreanas, americanas, ibicencas, titas, hongos y cucos. Algunos también disponen de algún tipo de gamba o peces vivos. Encontrar otros cebos asequibles, como mejillones y sardinas, es fácil en pescaderías y grandes superficies de alimentación.

En numerosos pueblos del litoral, sobre todo si son turísticos, los comercios de pesca abren los domingos por la mañana, pues es el día de mayor demanda y negocio para ellos. Algunos, con el buen tiempo de primavera y verano, abren los días festivos desde las siete y media de la mañana. A mí no me gusta dejar para última hora la adquisición de carnada, pero en alguna ocasión me ha venido muy bien este horario.

Cada individuo es libre de gastarse en cebo lo que quiera, pero no parece muy lógico malgastar un dineral en marisco para lograr baratas salpas o mújoles. Por suerte, los cebos más eficaces y universales, como lombrices, sardinas y mejillones, suelen tener un precio asequible. Estos dos últimos podemos adquirirlos, si nos gustan, para consumo casero, separando algunas piezas para la actividad deportiva. Lo mismo puede hacerse con especies más caras, como calamares, berberechos y quisquillas.

CAPÍTULO 7

Métodos de pesca

En capítulos precedentes ya hemos dado numerosos consejos e indicaciones sobre la pesca desde la playa. Las zonas playeras normalmente presentan un fondo fangoso, y cuanto más grande es la bahía, más arenoso suele ser el suelo. Son lugares que, en general, permiten escandallos y plomadas más pesadas si la caña los soporta, y es raro, en condiciones normales, perderlos por enroque. Se pesca al lanzado y a fondo, mayoritariamente con cañas largas (superiores a 4 m) para evitar el efecto del oleaje.

Las playas son parajes frecuentados por muchas especies sedentarias porque constituyen su hábitat natural, y por otras, que acuden a alimentarse porque saben que en ellas abundan cangrejos, gusanos, moluscos y peces pequeños. Algunas especies se acercan a las arenas de la costa a desovar. Todo este mundo viviente hace, a su vez, que constituya un lugar de busca y captura para los animales depredadores.

Las playas pueden ser de arenas finas o gruesas, y también pedregosas. En playas de arena fina, el talud suele aumentar muy lentamente la profundidad de las aguas, y no es raro que, a 50 m, no se haya alcanzado 1 m de profundidad, mientras que en las playas de arena gruesa, el talud suele ser pronunciado y, a 50 m de la orilla, se superen los 2 o 3 m de profundidad. Tanto en unas como en otras abundan los gusanos arenícolas, las almejas, los pequeños cangrejos blancos y los alevines, y por ello, también abunda la fauna que se alimenta de tales especies. Las playas de arena gruesa, aparte de ser más profundas, rápidamente suelen alternar con fondos vegetales y de roca. Por ello disponen normalmente de mayor variedad piscícola. Las playas pedregosas suelen extenderse siempre cerca de la desembocadura de torrenteras y rieras. A veces, en una misma cala, sobre todo si es pequeña, conviven más de un tipo de suelo.

La pesca desde estos lugares suele ser muy cómoda. Normalmente, como las playas tienen tanta influencia sobre el turismo y la economía de las localidades costeras, suelen estar bien acondicionadas para llegar a ellas, tanto a pie como en cualquier tipo de vehículo, que muchas veces puede aparcarse cerca de donde instalemos la base. En el caso del automóvil, puede ser refugio y asiento desde el cual dominemos visualmente las cañas si llueve, hace frío o, simplemente, nos sentimos cansados. Las playas suelen ser terrenos llanos que no requieren esfuerzo para transitar por ellas. Únicamente presentan el inconveniente de que la arena acostumbra a meterse en todas partes.

La búsqueda de un lugar concreto para instalar la base es menos importante que en el caso de rocas, muelles o puertos, y sobre todo, en relación a cuando practicamos desde embarcación. Pero también cuando pescamos desde arenales podemos encontrar ese punto mejor, aquel en donde se sacan más capturas porque es un sitio de mayor facilidad de recuperación de la línea, porque constituye un espacio exento de algas y rocas, o porque es un lugar sin suciedad en el fondo. Recuerde que, según la legislación vigente, no puede pescar durante los meses y horas de afluencia de bañistas.

En las calas pequeñas puede existir cierto riesgo de perder la parte final de la línea, pues el anzuelo o el plomo pueden engancharse en fondos pedregosos o con vegetación. Sin embargo, suelen ser lugares muy buenos porque, al haber los tres tipos de suelo (arenoso, vegetal y rocoso), abundan toda clase de especies en el mismo espacio. En las épocas invernales, las calas son refugio de especies diversas.

La altura de la caña dependerá un poco del estado del mar y de la dimensión de las olas. Con el agua llana valen incluso las cañas de poca longitud, inferiores a 3,5 m (aconsejo que nunca sean menores de 4 m). Si hay oleaje, cuanto más elevado sea, mayor altura se necesitará para evitar en lo posible el movimiento de la cimera producido por las olas, que en ocasiones nos pueden hacer creer erróneamente que han picado.

Elija el método

Fundamentalmente, desde la playa se practica la pesca al lanzado y a fondo. Se trata de llevar lo más lejos posible un anzuelo cebado y lastrado con un peso, y de recuperarlo, a poder ser con un pez enganchado, mediante la fuerza de tracción de un ca-

rrete de bobina fija, al cual una manivela y unos mecanismos de rotación dotan de esa acción de arrastre.

Existen dos sistemas principales: el lanzado ligero y el lanzado pesado. Como dejan entrever los propios nom-

bres, dependen del lastre, el cual influye sobre la distancia a la que va a parar el anzuelo. Ambos lanzados son posibles, desde la invención del carrete de bobina fija, usando aparejos muy similares, sólo diferenciados por su tamaño y peso.

En principio, el lanzado ligero es más propio de la pesca fluvial, pero luego se ha extendido para practicar en el mar. Se suelen usar plomos de poco peso (5, 10 o 20 g a lo sumo) y cañas cortas, ligeras, muy flexibles y con mucho impulso. Es una actividad en la cual hay que ir en busca de los peces y permanecer en continuo movimiento, lo que demuestra su relación con las prácticas en río, aunque admite lanzadas algo más largas (25 y 30 m de distancia).

Da buenos resultados para lograr lubinas, bailas y otros peces, por regla general los depredadores y carnívoros. Es apropiada para las épocas de buen clima, pues conviene estar bastante metido en el agua y, además, la actividad mejora cuando se realiza durante el ocaso y por la noche. Pueden usarse señuelos o cebo natural. Constituye una práctica muy deportiva pero cansada, pues hay que estar todo el tiempo andando y con la caña a cuestas, tirando y recogiendo constantemente.

Lógicamente, sólo permite el uso de una caña. Suele lanzarse, como se hace en el río, con una sola mano, sin necesidad de balancearla en exceso e incluso moviéndola por los costados sin pasar por encima de la cabeza y produciendo el impulso gracias al juego de la muñeca. El anzuelo se deja quieto poco tiempo una vez hecho el tiro, ya que se recupera en seguida. Si se es diestro, la caña se sujeta con la mano derecha, se deja el dedo índice para sostener el nilón hasta el momento del impulso y se rebobina con la mano izquierda. Queda clara la necesidad de que la empuñadura de la caña se adapte totalmente a las características de la mano porque la clave reside en la precisión del lanzamiento, es decir, en hacer caer la plomada y el anzuelo en el lugar pretendido.

Existe una variante de la pesca ligera, con flotador grande y plomo de unos 10 g, que se lanza a unos 25 o 30 m, pero no es una práctica propia desde las playas, sino muy utilizada en puertos, ensenadas o rías profundas.

El lanzado pesado en mar requiere cañas largas, superiores a 4 m, recias y resistentes para utilizar con plomos de más de 100 g, si lo soporta la vara, para lanzar lo más lejos posible, lo cual se hace empleando ambas manos.

Cuando se inventó el carrete de bobina fija y su aplicación para llegar a distancias hasta entonces inalcanzables, se logró acceder a capturas para las cuales, anteriormente, era preciso pescar en embarcación. Existían también rudimentarios sistemas en los que el pescador se metía en el agua hasta donde podía y llevaba en la mano un aparejo con fuerte lastre, que impulsaba a la mayor distancia posible dentro del mar.

Una buena lanzada con caña depende de la flexibilidad de ésta, del peso que pongamos y de la fuerza muscular desarrollada en la tirada. Puede usarse el plomo fijo o el corredizo.

La buena táctica

Lo primero que debe hacerse para poder lanzar bien es ponerse de frente al lugar donde se quiere que vaya el anzuelo. Después se abre la aguja, asa o tope de contención y recuperación del hilo en el carrete (pickup) para que el nilón quede liberado y pueda salir de la bobina. Con la punta del dedo índice se sujeta el sedal para que no se deslice ni se suelte antes de tiempo. Entonces se balancea la caña, impulsándola hacia atrás y pasándola por encima del hombro hasta que quede casi horizontal. A continuación se mueve en sentido contrario, es decir, hacia adelante, como un péndulo, de forma rápida, progresiva y fuerte, y el dedo que mantenía el hilo se suelta cuando la caña

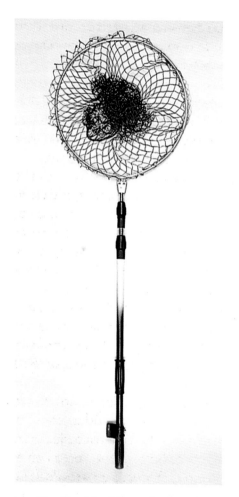 

La utilización del salabre se hace imprescindible para recuperar grandes piezas desde un espigón o muelle o desde una embarcación

ha superado ligeramente la vertical de su cabeza. Acertar con el punto exacto de liberar el nilón de la sujeción del dedo es más importante de lo que parece, pues constituye la clave para que el sedal salga como debe.

Realizado conjunta y acertadamente el movimiento de la caña y la liberación de la línea, la caña, impulsada por el lastre, llega hasta donde lo permiten la fuerza de nuestra acción y el peso del plomo. Para culminar la lanzada, antes de efectuarla, debemos fijarnos, en primer lugar, en disponer de espacio suficiente por detrás para el movimiento del balanceo, y en segundo lugar, que no exista nadie en las cercanías a quien podamos ensartar con el anzuelo o golpear con el plomo. Cuando vaya a tirar hacia adelante, cerciórese de que el anzuelo o el aparejo no se hayan enganchado, y también, que el lanzamiento no pueda alcanzar a alguien que se encuentre en el agua, sea bañándose o realizando pesca submarina.

En la pesca ligera, la lanzada se efectúa con una mano: la derecha, si es diestro, y la izquierda, si es zurdo. En el lanzado pesado se precisan ambas manos: si es diestro, la izquierda se coloca en la base de la caña, y la derecha, en la zona del carrete, con el dedo índice sujetando el nilón (los zurdos, al revés y con el carrete adecuado para ellos).

Una vez la línea está en el mar, se deja descender un rato. Después ya podemos colocar la caña en su pedestal o mantener en la mano si así lo queremos. Debemos recuperar algo el hilo, hasta que quede tirante, para apreciar mejor la picada del pez y cerrar el asa o tope. Si el hilo deja de estar tirante por efecto del viento o las olas, hay que tensarlo.

Deje el freno del carrete no muy apretado para que el pez, en las primeras mordidas, pueda juguetear con el cebo y no se desengañe si al primer intento no ha logrado llevárselo. Además, si está frenado y pica con fuerza un pez grande mediante un tirón brusco, puede producirse rotura.

Lo que hay que intentar no es sólo llegar lo más lejos posible, sino alcanzar el lugar donde queremos que caiga el anzuelo, que a veces no es siempre el más lejano. Se logra con la práctica y la experiencia, que enseñan a dar el impulso preciso y concreto a las necesidades del aparejo. Con buenas temperaturas, uno puede introducirse algo en el agua para llegar más lejos y salvar el rompiente de las olas.

Recuerde que las anillas tienen que estar bien colocadas, correctamente orientadas y alineadas entre sí, así como el carrete, para que el hilo vaya recto y salga y se rebobine sin atascarse o frenarse, sino con facilidad y suavidad. Por ello, cada vez que vaya a lanzar, conviene observar que las anillas permanecen en esa situación; si no es así, corrija la mala colocación.

Lo más lejos posible

Todo el mundo quiere siempre lanzar lo más lejos posible, especialmente con el lanzado pesado, porque se supone con cierta lógica que, cuanto más alejado de la orilla permanezca el anzuelo, mayor profundidad tendrá el agua y mayor será la cantidad y el tamaño de los peces.

En principio, esto parece cierto, pero los fondos del mar son caprichosos y, a veces, pescando con cañas no lanzadas con tanta fuerza, obtenemos más capturas y más grandes. En ese sitio más cercano a la orilla, donde cae el hilo impulsado por un plomo de menor peso y balanceando menos la caña, quizá exista un hoyo o una zona vegetal o rocosa, es decir, un lugar con abundantes peces. Es una prueba más del carácter azaroso de la pesca y de que los principios que parecen lógicos no siempre constituyen un axioma.

¿Cómo actuar una vez lanzado?

La pesca con caña, y especialmente la del lanzado a fondo desde la playa, es un deporte que fundamentalmente requiere atención y paciencia. Debemos vigilar constantemente los movimientos del puntero del aparejo. Esta permanente observación de la puntera es necesaria porque constituye el punto de la caña que indica si han picado, con ese claro movimiento nervioso y preciso que hace cuando el pez tira de la carnada al morder.

Recuerde: no hay una regla fija que indique cada cuánto tiempo debe recuperar la línea. De vez en cuando hay que recuperar para asegurarse que aún existe cebo, pues no es infrecuente que los peces lo roben (cada 15 o 30 minutos, aproximadamente). Tampoco se trata de mirar el reloj de forma constante y recuperar al minuto. Habrá días que las circunstancias mandarán que los intervalos sean más breves, y otros, más prolongados.

Como se ha indicado con anterioridad, el hilo debe estar siempre tirante. Vigile que la línea permanezca así y soluciónelo si no estuviera de ese modo.

Distinguir la picada

La puntera es la que indica si han picado con un claro movimiento de irse para abajo y luego subir repetidamente. Este movimiento lo origina el pez cuando muerde la carnada y tira de ella para salir hacia su lugar de refugio. Si ese cimbrear del puntero no constituye un acto esporádico, sino que se repite con frecuencia, quiere decir que, además de picar, ha quedado enganchado y es el momento de rebobinar para conseguir la captura.

La extensión de esta vibración depende de la fuerza del pez, muchas veces proporcional a su tamaño, aunque es frecuente que un pez pequeño, sobre todo si es de la familia de los sargos, nos engañe con una gran oscilación y luego, al sacarlo, sea menor de lo esperado.

Además de los sargos, existen otras especies que tiran mucho cuando se prenden y no dejan de cimbrear la caña al caer: doradas, lubinas, corvinas, dentones y palometas. Mientras los arrastra, luchan navegando en zigzag. Son los más apasionantes para la actividad deportiva. En otros casos, como los peces planos y los salmonetes, muchas veces uno casi no se da cuenta de que han caído. Con tales especies tengo la experiencia de algún ejemplar pequeño que daba grandes tirones y de muchos otros, más grandes, con los cuales apenas notaba la picada. De todas formas, no son animales luchadores, aunque ambos son muy ricos para el consumo humano.

Ya se ha comentado la existencia de un carrete de carraca que anun-

Recuperar una pieza es la operación más bella del pescador deportivo. Toda la emoción que conlleva, desde el momento de percibir la picada hasta la completa recuperación de la pieza, constituye lo más bella de la práctica de la pesca

cia, con un sonido similar al de este instrumento, que el pez tira del hilo. También hay avisadores, como un cascabel con una pinza que se coloca en la puntera y suena cuando la caña cimbrea. Es muy útil sobre todo por las noches, pero tiene el inconveniente de que también suena movido por el viento o el oleaje.

¿Cómo hay que rebobinar?

Si sólo hemos notado un cimbrear no constante, cogeremos la caña y, suavemente, comprobaremos que el pez se ha enganchado. Si el hilo estaba debidamente tirante, una forma de comprobarlo consiste en impulsar la caña hacia atrás para provocar la reacción del animal, si está en el anzuelo, o bien coger el hilo con las manos y hacer un poco de presión tirando de él. Ambos movimientos hay que realizarlos delicadamente para no perder la posible captura.

Tanto si está seguro de que ha picado un pez por la continuidad del movimiento de la puntera como por la acción descrita en el párrafo anterior, rebobine al principio muy suavemente, lo que servirá para que el pez reafirme y para sentir en las manos esa apasionante vibración de captura que se trasmite a la caña.

Seguidamente, poco a poco, acelere la recogida, cada vez más rápido y con mayor energía. Este proceso es una cuestión de segundos, pero en los primeros momentos hay que contener el nerviosismo para evitar que, por un exceso de velocidad o brusquedad, no culminemos con éxito la recuperación.

La caña no debe permanecer vertical, sino inclinada hacia el sentido de hilo. Cuanto más vertical esté, mayor resistencia ofrecerá, y cuanto más grande sea la posible pieza, mayor inclinación deberemos darle. Hay que rebobinar con una velocidad aceptable, de forma continua y sin altibajos. Si el hilo se pone excesivamente tirante por la presión, afloje el freno para que se suelte hilo; luego vuelva a apretar y rebobine acelerando nuevamente poco a poco. Constituye un apasionante tira y afloja, durante el cual hay que ir cansando al pez. Este sistema, sólo preciso con ejemplares grandes y muy luchadores, servirá para evitar posibles roturas de la línea.

Si en las primeras comprobaciones no está muy claro que hayan enganchado, la operación aún debe hacerse más cuidadosamente. Al principio, el rebobinado debe efectuarse todavía más lentamente, muy poco a poco, pues los peces que están en el entorno, si no han robado el cebo, quizá vuelvan a intentar picar. Es un error creer que una captura puede desengancharse al no rebobinar con rapidez. Si la pieza está bien agarrada, no se escapará, y si está mal ensartada, huirá por esta circunstancia, no por la velocidad de recuperación.

Aunque la captura de un pez suele ser menos problemática pescando desde la playa que desde un acantilado (sobre todo, si la playa es de fondo arenoso y no tiene un talud muy pronunciado), no olvide buscar el lugar por donde sea mejor sacar la pieza. Tenga listo incluso el salabre para evitar que se suelte en el último momento con la fuerza del rompiente de las olas.

Si no hay o no ha notado picada alguna, el tiempo de rebobinar depende de distintos factores. Uno importante es el cebo, pues no es lo mismo gusano que sardina, y otro, el estado del mar, si está movido o tranquilo. Ya sabe: no es cuestión de mirar constantemente el reloj para recoger matemáticamente cada 15 o 30 minutos, pero cuando la lanzada lleva un tiempo similar y no notamos picada alguna, hay que recuperar para comprobar la existencia de cebo.

Una o varias cañas

En el lanzado ligero sólo se usa una caña, que se lleva constantemente en la mano para tirar y recuperar con rapidez. En la pesca de lanzado pesado desde la playa pueden tenerse varias cañas, pero tampoco en exceso: tres o cuatro a lo sumo. En este caso es imprescindible un sujetacañas para cada una de ellas. El número de cañas depende de la experiencia y de la capacidad de cada uno.

La legislación vigente señala un máximo de dos cañas por persona, un número excesivamente riguroso, por lo que casi nadie cumple tal disposición. No obstante, en algunos sitios puede encontrarse con agentes de la autoridad que velen por su cumplimiento. Ese número máximo puede ser oportuno para la pesca en puertos o lugares muy concurridos, pero en playas, espigones o acantilados suele ser factible una tercera caña. Para mí, tres cañas constituye el número idóneo si se pesca al lanzado con la misma técnica y cebo. Incluso es posible una cuarta si al menos tres cuentan con sardina o cebos menos ligeros y al lanzado pesado, y otra dispone de un cebo más liviano, como lombriz.

A veces se hace difícil seguir más de tres cañas, pero cabe la posibilidad de tener dos con sardina, una con calamar y una cuarta con gusano. Las cañas con sardina o calamar constituyen cebos propicios para peces grandes, por lo que las posibles picadas son menos frecuentes y, por lo general, más espaciadas en el tiempo. Más de cuatro cañas representa un exceso porque es muy difícil estar al tanto de todas ellas, máxime si conviene ponerlas a cierta distancia.

Con tres cañas, la del centro puede lanzarse al frente; la de la izquierda, con algo de dirección hacia ese lado, y la de la derecha, ligeramente hacia el lado derecho, lo que permite colocarlas más cercanas entre sí.

¿Pueden utilizarse el volantín y la boya?

El volantín o el chambel no son muy propios de la pesca en la playa, sino de la pesca en acantilado, puertos o espigones, y sobre todo, desde embarcación parada o a la deriva. De todas formas recuerde que, antes de conocerse los carretes de bobina fija, existía un método rudimentario de pesca consistente en que los aficionados se introducían en el agua hasta donde podían, llevando en la mano un aparejo con fuerte lastre, que tiraban impulsándolo hacia el interior del mar. En el fondo, una especie de volantín. En las épocas de calor podría usarse, pero la época veraniega concentra mayor número de bañistas y éstos tienen preferencia.

En cuanto a la pesca con boya, puede hacerse por el método de lanzado ligero con plomo de unos 10 o 20 g, para tirar a unos 30 m de la orilla. Es más viable con menor oleaje: si hay olas, éstas impulsan la boya hacia la orilla, con el agravante de que el hilo tiende a enredarse al quedarse lacio. Por ello, sólo es factible en aguas muy tranquilas (ensenadas, calas de amplia longitud, etc.). Otra característica de la pesca con boya es que se precisan playas con cierta profundidad (generalmente, playas de arena gruesa).

En el pueblo donde pesco, a unos 30 m de distancia existe una profundidad de 1,5 m. La boya hay que lanzarla más allá de donde comienzan a romper las olas, lo que es factible con una boya de grandes dimensiones y un lastre pesado.

Si la playa es de arena fina y muy plana, aquellas que a 30 m de distancia apenas tienen 30 cm de profundidad, sólo habrá peces muy pequeños. Además, las olas suelen romper antes, imposibilitando la actividad. De todas formas, no soy partidario de pescar con boya desde la playa, pues veo numerosos inconvenientes. Si quiero pescar con esa táctica, me dirijo a un espigón, puerto o acantilado, y cuando lo hago desde tales lugares, recurro al método del lanzado, especialmente en el sistema pesado y a fondo.

CAPÍTULO 8

Los peces

La pesca, en principio, no es un deporte peligroso, siempre que seamos sensatos y la prudencia nos haga abandonar su práctica cuando las circunstancias así lo indiquen: días de fuerte temporal, aventurarse en lugares demasiado arriesgados, el flujo y el reflujo de las mareas en el norte de la Península, etc. Como ya dijimos, ningún pez, cualquiera que sea su tamaño o calidad, merece arriesgar la propia vida ni ocasionar un posible accidente, aunque no fuera de consecuencias fatales.

Repasemos ahora las distintas aletas de los peces, pues luego trataremos de ellas. Son una de las características típicas de estas especies y las tienen repartidas por todo el cuerpo. Les sirven para nadar y orientar la dirección de su marcha. Las aletas son lóbulos cutáneos, extendidos sobre una armadura de radios (que pueden ser duros o espinosos), y que se mueven accionados por determinados músculos. Existen las aletas dorsales, en la parte superior; las operculares o pectorales, situadas tras las agallas o branquias; la caudal, al final de la cola; las ventrales, en el vientre, y las anales, debajo, en el lado contrario a las dorsales. No todas las especies poseen todas estas aletas.

Muchos peces utilizan las aletas no sólo para moverse, sino como método de defensa, especialmente cuando son espinosas y, con más asiduidad, las dorsales y las operculares. Hay que evitar clavárselas porque, en algunos casos, constituyen auténticas agujas. Observe que al ir a desengancharlos, incluso antes de verse fuera del agua, las ponen erectas y punzantes. Y si el pez es de cierto tamaño, y por tanto las espinas son de cierta consistencia, pueden hacernos daño. Por eso, al desprender el anzuelo de una captura, debe usar siempre trapos recios o guantes que sirvan de protección y evitar así, en lo posible, poner las manos en el lugar donde se encuentran las espinas. Si no queda más remedio, podemos doblar las espinas con cuidado de no pincharse.

Los peces

133

¡Cuidado con los peces venenosos!

Un riesgo elevado suponen ciertas especies que, en algunas aletas, tienen radios con veneno que pueden ocasionar serias contrariedades. Estos peces ponzoñosos son las mielgas, las rayas, las arañas y las escórporas. Son peligrosos cuando permanecen vivos, y también muertos, mientras están crudos. Pierden la toxicidad al cocerse o cocinarse porque poseen lo que técnicamente se denomina «veneno termolábil». Sin embargo, tienen una carne fina, de buena calidad para comer.

Nada más pescarlos, antes de desenganchar, con las tijeras corto las espinas malévolas, pero aún así, no los toco por las partes peligrosas. Si lo veo difícil, desengancho la línea secundaria, la sustituyo por otra que ya llevo montada en un corcho y espero a que muera.

La mielga es un escualo, es decir, pertenece a la familia de los tiburones y tiene su aspecto. Está presente en los fondos litorales, aunque es difícil cogerlo con caña desde la costa (pero no imposible); se captura más pescando desde embarcación. Posee una espina curvada en sus aletas dor-

La pesca desde arenales y playas

sales que, cuando se clava en la piel, infecta la herida con el veneno de sus glándulas, causando de inmediato un gran dolor durante varias horas y una fuerte hinchazón.

Otros peces como las rayas, en su alargada cola y antes del final, tienen una gruesa espina dentada recubierta de piel y de aspecto óseo, el aculeo, que contiene el veneno. Produce fuerte dolor e inflamación local de color azulado (inflamación cianótica).

Los peces de la familia de las escórporas (cabracho, rascacio, etc.) son muy fáciles de pescar en roquedales y escolleras, e incluso en las playas si lo hacemos cerca de rocas. Poseen abundantes espinas dotadas de veneno, por lo que son los de más difícil manipulación. Suelen ser venenosas las doce primeras espinas dorsales, pero también poseen otras tres espinas en las aletas operculares y anales, y dos en las ventrales. Sus efectos no son mortales, pero sí generan una grave manifestación local de dolor e inflamación durante 12 o 24 horas y los efectos secundarios pueden durar una semana hasta la total recuperación. Algunas variedades son muy apreciadas por el sabor de su carne y para preparar sopas, caldos, fondos de caldero o pasteles de pescado.

Los peces de la familia de los traquínidos (araña, salvariego, etc.) poseen un aspecto exterior muy similar, por lo que, normalmente, a todos ellos se les suele llamar «arañas». Son fáciles de coger cuando hay fondos arenosos y, por tanto, en la modalidad de pesca desde la playa, y abundan en las costas españolas. Su veneno reside en la primera espina de la aleta dorsal, aunque se divide en dos: una espina más corta, la peligrosa, y una segunda, más baja y larga. También tienen pinchas ponzoñosas en las espinas de las aletas operculares de ambos lados, junto a las agallas.

El pinchazo provoca una acción local con fuerte dolor, que en pocos minutos se extiende (por ejemplo, si el pinchazo se produce en un dedo, el dolor se extiende a toda la mano o incluso al brazo). La amplia inflamación suele durar más de una semana. También se padecen síntomas generales como dolor de cabeza, vómitos, escalofríos, fiebre... En algunas ocasiones, animales muy adultos, han llegado a causar consecuencias mortales, aunque pueden considerarse casos excepcionales. Si se pescan, hay que cortar en seguida las espinas venenosas, y si no se ve claro, esperar a que haya muerto para desengancharlo. Mejor incluso, siga mi método de desenganchar la línea secundaria. Recuerde que, crudo, sigue siendo venenoso.

Si en épocas de buen clima se introduce en el mar, tenga cuidado de no pisar arañas. Para evitarlo, lleve sandalias de plástico. Observe también que no haya un banco de medusas, que en fechas veraniegas pueden acercarse a la costa. Si lo alcanzan, producen una molesta urticaria.

Algunos peces de nuestras aguas son capaces de realizar descargas eléctricas, como la temblaera y la tremielga, de la familia de los torpedos. No suelen capturarse desde la costa con caña, aunque no es imposible, pero se acostumbran a sacar con volantín o chambel desde embarcación. Prefieren los cebos habituales de sardina y calamar. No poseen aprovechamiento alguno y no deben tocarse mientras están vivos, pues la descarga eléctrica (de 45 a 220 V) la producen por cualquier zona de su cuerpo. Poseen una cabeza más redondeada que la de las rayas, alcanzan 1 m de longitud y pesan cerca de 10 kg.

Espero que no se deje morder por peces agresivos. Si ve dientes, ya es una señal de no acercar las manos a la boca, aunque algunos peces no dentados también se muestran violentos. En estos casos hay que usar el desembuchador. Si no lo ve muy claro, desenganche la línea secundaria del esmerilón y espere a que muera el pez para rescatar el anzuelo.

Algunos animales (por regla general, los alargados y delgados, como la morena, el congrio y la anguila) suelen ser muy agresivos, atacan y tardan bastante en morir. Otros, como la dorada, el dentón, el sargo, la lubina y la palometa, poseen fuertes dientes que a veces utilizan incluso para romper la línea y para morder lo que se pone a su alcance, aunque no tienen, como los anteriores, el impulso de atacar.

Recuerde que es aconsejable llevar un pequeño botiquín con gasas, alcohol o mercromina, tiritas adhesivas para posibles pinchazos o rasguños, etc. Algunos ocupan muy poco lugar y son baratos y ligeros. El amoníaco constituye un buen remedio si algún pez venenoso clava sus radios venenosos en la piel. Cuanto antes lo apliquemos sobre el lugar del pinchazo, mayores serán sus efectos, pero luego siempre debemos procurarnos asistencia médica para evitar serios trastornos posteriores. En las playas, durante el verano, suele haber puestos de socorro preparados para una primera atención médica a pescadores y bañistas.

Lubina o róbalo

Su nombre científico es *Morone labrax*. También se denomina robaliza en Andalucía, Portugal y Galicia. En catalán, *llobarro* o *llop*, y a los alevines, *pintat*, y en el País Vasco, magallón. También hay quienes la denominan lobo de mar por su actitud en la caza, similar a la del mamífero depredador.

De la familia de los serránidos, es fusiforme y alargada, con una cabeza grande en proporción a su cuerpo. Es de color gris azulado o gris verdoso en el dorso, en mimetismo con su hábitat, y tono plateado en el vientre, tiene una boca grande, de depredador nato, y una primera aleta dorsal (posee dos) de fuertes radios espinosos, presentes también en la aleta anal. La aleta caudal presenta dos lóbulos fáciles de distinguir.

Pez de litoral con algo de fondo rocoso, es viajero y migratorio, aunque no es raro que permanezca en un sitio mucho tiempo si es apropiado para su alimentación. Prefiere ensenadas, entrantes, rieras e incluso la desembocadura de los ríos, por los cuales llega a remontar aguas durante varios kilómetros.

Es un gran y rápido nadador, muy voraz cuando tiene hambre. Busca moluscos, crustáceos, cefalópodos o peces; a veces ingiere animales de gran tamaño, incluso de un tercio de su propio peso. Se acerca a las orillas de playas y rocas en busca de alimento. Se reproduce de enero a marzo. Es gregario en juventud y, según crece, vive en solitario o, los más adultos, en pareja. En ocasiones excepcionales llega a superar 1 m de longitud y 10 kg de peso. Prefiere las aguas movidas.

La pesca de la lubina o róbalo es, junto con la pesca de dorada, la más codiciada por el pescador con caña desde la costa. Su captura es muy atractiva: la picada es fuerte e insistente una vez se ha enganchado; inclina con intensidad y constancia la rabiza y produce numerosos tirones mientras se recupera, transmitiendo a la mano esa apasionante sensación de que se trae pez. Astuto, escurridizo y receloso, requiere una buena táctica al rebobinar: debe provocarse su cansancio cediendo hilo para lograr con éxito la nada fácil recuperación. En los últimos momentos, y especialmente si debe alzarse hacia arriba, es necesario el salabre.

Pica bien al anochecer, en noches cerradas, y al amanecer. Pica a la lombriz y mejor aún a crustáceos, quisquillas, camarones, calamares, sardinas y peces vivos o muertos. Incluso se pesca con señuelos, fundamentalmente con forma de pececillos, an-

La lubina es una de las especies más apreciadas por el pescador de caña al lanzado. Prefiere frecuentar aguas muy someras y la desembocadura de los ríos, y es una especie sumamente desconfiada y astuta

guilas, crustáceos, cefalópodos o cucharillas. Ojo al desenganchar, por sus fuertes dientes: no acerque los dedos a la boca. A veces, cortan el sedal con los dientes. Hay que tener cuidado de no pincharse con las espinas de sus aletas, especialmente la primera dorsal.

Muy rica por la fineza de su carne, la lubina es muy valorada y cotizada en el mercado, y muy apreciada tanto por la pesca deportiva como la profesional, aunque también se cría en piscifactoría marina. Se condimenta de muchas maneras y constituye la base de numerosas recetas culinarias, pero es excelente sencillamente hervida al vapor, a la parrilla, a la brasa o al horno, bien a la sal o con un poco de vino blanco.

Baila

Su nombre científico es *Dicentrarchus punctatus*. Se denomina también lubina atruchada o lubina del norte (*llobarro pingallat* en Cataluña). Se parece tanto a la lubina que en muchos sitios la confunden con ella. En el Mediterráneo, abunda a partir de las costas murcianas, sobre todo hacia el estrecho de Gibraltar. También abunda en el Atlántico y en el Cantábrico.

Más pequeña que el róbalo, la baila prefiere ensenadas, estuarios y ríos, por los cuales a veces remonta. Su pesca es muy parecida a la de la lubina y, por tanto, muy deportiva y apasionante (sirve todo lo que hemos indicado anteriormente sobre cebos y tácticas). Le gustan los rompientes y los días de plenilunio, y es más activa en verano, sobre todo por las noches. Cuidado con los dientes y la aleta dorsal.

Su carne, aun siendo muy buena, es algo menos fina que la del róbalo. Las formas de condimentarla son las mismas.

Dorada

Su nombre científico es *Sparus aurata*. Recibe su nombre por el tono dorado de su parte frontal, por encima de los ojos, con manchas de reflejos muy intensos que a veces se extienden a otras zonas de su cuerpo. También suele denominarse mucharreta o chacarona morena. En las zonas de Galicia, Santander y Asturias, se conoce por mazote, y *urreburu* en vasco.

Perteneciente a la familia de los espáridos, presenta una forma ovalada y color gris plateado (azulado hacia el dorso y más plateado hacia el vientre). Tiene fuertes dientes (seis colmillos y tres filas de molares), con los que suele romper el caparazón de cangrejos y moluscos. Como todos los espáridos, las ale-

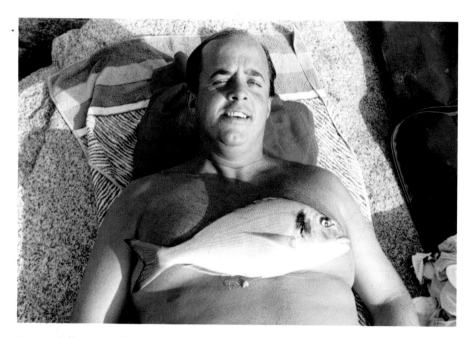

Un especialista en *surf-casting* muestra un magnífico ejemplar de dorada, capturada al lanzado ligero

tas dorsales son espinosas y, en la dorada, también la anal. Habita en las praderas costeras de una profundidad inferior a 50 m, y con frecuencia se acerca a la orilla o al interior de los puertos en busca de alimento. Se reproduce de octubre a diciembre. No supera 1 m de longitud, aunque en casos excepcionales llega a pesar 10 kg. Joven, es gregario, pero luego desarrolla una vida en solitario.

Es una de las capturas más apreciadas por el pescador deportivo con

caña desde la costa, tanto por su fuerte y constante picada, como por su lucha, sin olvidar la calidad de su carne. Sus potentes dientes son capaces, a veces, de morder y cortar la línea. Si la captura es grande, tenga cuidado al desengancharla: no ponga los dedos cerca de su boca ni se pinche con su aleta dorsal o anal.

Pica a la lombriz, pero mejor a moluscos y crustáceos, especialmente los cangrejos, que constituyen un bocado exquisito, igual que el mejillón y la gamba. Una vez enganchada, para conseguir la dorada debemos luchar y cansarla aflojando el freno de vez en cuando y dejando que tome metros. No olvide, si es una pieza grande, que posee mucha fuerza y, además de cortar el hilo con los dientes, puede romperlo de un tirón. *Luj*

Su carne es exquisita, muy apreciada y valorada para el consumo humano. Puede condimentarse de muchas formas: en guisos o simplemente al horno, a la brasa, a la plancha o a la sal. Se adapta bien en piscifactoría marítima y, de hecho, es uno de los animales que más se cría mediante sistemas de acuicultura por su cotización en el mercado.

Herrera

Su nombre científico es *Lithognatus mormyrus*. Se denomina *mabre* en Cataluña, Comunidad Valenciana y Baleares; herrera, en Andalucía; en Asturias y Galicia, *erla* o *moxarra*, y en vasco, *txopa*. Es uno de los peces más frecuentes en el Mediterráneo, especialmente en la pesca con caña en lugares cercanos a playas, ya que incluso los ejemplares de buen tamaño se acercan a la orilla. Es mucho menos frecuente en el Atlántico.

Pertenece a la familia de los espáridos y presenta un tono plateado, con una decena de bandas oscuras de arriba a abajo. Como todos los de su especie, las aletas dorsales cuentan con fuertes espinas. Su hábitat principal se ubica entre la orilla y los 50 m de profundidad, siempre que haya fondos arenosos. También frecuenta ensenadas y entrantes, e incluso lugares cercanos a las rocas, si están próximas a arenales. Se reproduce de junio a julio. Son raros los ejemplares mayores de 40 cm de longitud y 3 kg de peso.

Pica mucho a la lombriz, sardina, moluscos y crustáceos, y es uno de los peces que anima la jornada de los pescadores de aguas mediterráneas, especialmente en primavera y otoño. Aunque por su abundancia pica a todas horas y en todas las épocas, aún lo hace más de noche, en el orto y en el ocaso. Da buena carne para freír, a la plancha o al horno, si es grande, y como base de sopas, caldos y fondos de caldero, si se trata de un ejemplar pequeño.

Sargo

Su nombre científico es *Diplodus sargus*, y otros nombres comunes, jargo, jargueta o bedao. En el País Vasco y el Cantábrico se denomina *mutxarra*, y en catalán, *sard*.

De la familia de los espáridos, tiene forma ovalada, con un arqueo que comienza desde su gran boca, dotada de buenos incisivos y mola-

Un bello bodegón de espáridos tras una jornada de pesca nocturna constituye una gratifican-te recompensa para el pescador que pasa toda la noche en vela, pendiente de las cañas

res, y la cabeza, y disminuye desde la parte dorsal hasta una cola estrecha. De color gris plateado, presenta unas ocho franjas verticales oscuras. Prefiere las zonas costeras con fondo rocoso en donde encuentre cuevas, así como las aguas movidas y bravías, por lo que acude a los rompientes. Se muestra muy voraz en los días de aguas revueltas. Vive de forma gregaria cuando es joven. Se reproduce de abril a mayo y es hermafrodita (primero produce gametos masculinos, y luego, femeninos). No suele sobrepasar el medio metro de longitud.

Junto con la herrera, constituye una de las capturas más corrientes en la pesca con caña desde la costa. Su picada repercute fuertemente en la rabiza, ya que suele salir hacia abajo, en busca de su cueva, una vez muerde; da distintos tirones mientras se rebobina y transmite a la mano esa apasionante sensación de que se trae pez. Si consigue entrar en su cueva, a veces es difícil sacarlo; sólo puede lograrse con paciencia y, muchas veces, no de inmediato, pues en caso contrario podrían perderse los aparejos. Para ello, se afloja el freno del carrete y se suelta algo el hilo para ver si le da por salir. Si no actúa así, puede perder líneas secundarias y anzuelos.

El sargo permanece más inactivo los días de mucho calor, y entonces es mejor ir a pescarlo por la noche. Aunque cae a todas horas y en todas las épocas, su picada es más frecuente en las horas frescas, los días nublados, el orto y el ocaso. Los ejemplares grandes, con sus dientes, pueden romper el sedal. Tenga cuidado con su boca y con su aleta dorsal y primera anal, con fuertes espinas. Pica bien a la lombriz y a los gusanos, y también a moluscos, crustáceos, cefalópodos, etc. Es conveniente ocultar totalmente el anzuelo.

Existe una variedad, el sargo picudo (Puntazzo puntazzo), con hocico puntiagudo (se denomina también morrudo) y alimentación principalmente herbívora, aunque a veces cae en anzuelos cebados. Otra variedad es el sargo soldado (Diplodus cervinus) o mojarra reina, con franjas verticales anchas de tonos marrones, labios más gruesos y dientes incisivos. Este último se desconoce en el Mediterráneo.

Su carne es buena como pescado frito y, si son ejemplares de considerable tamaño, al horno o a la sal. Pequeños, son buenos como base de caldos, sopas y fondos de caldero. Se consigue su cultivo en acuicultura marina e incluso en acuarios de agua de mar.

Mojarra, chapurro o chaparruro

Se conoce también como saifía, asparrallón o esparrall en la Comunidad Valenciana, y como vidriada o variada en Cataluña. De la familia de los espáridos, tiene la misma forma corporal que los sargos y sólo se distingue de ellos en que, en lugar de contar con ocho franjas verticales oscuras, presenta una mancha que, desde el final de la cabeza, baja a la zona opercular, y otra mancha en el comienzo de la cola. También se distingue porque, de adulto, alcanza menores proporciones: un máximo de 30 cm de longitud y 2 kg de peso. En invierno suele refugiarse en ensenadas y puertos. Prefiere las zonas rocosas y los espigones, aunque acude a zonas arenosas cercanas.

Las técnicas y características de su pesca son las mismas que las del sargo, así como sus posibilidades gastronómicas.

Pagel

Hay cuatro especies principalmente. En primer lugar, la breca, pagel o garapallo *(Pagellus erytrinus)*; en Cataluña, Comunidad Valenciana y Baleares, *pagell*; en Andalucía, breca; en Asturias y Galicia, dentón rojo o garapello, y en el País Vasco, *lamote* o *breka*. La segunda especie es el aligote *(Pagellus acarne)*, también conocido como besugo chato o besugo blanco, y *besuc* en Cataluña, Baleares y Comunidad Valenciana; es una variedad más del Mediterráneo que del Atlántico. La tercera especie es el aligote bogaravero *(Pagellus bogaraveo)*, y la cuarta, el besugo *(Pagellus centrodontus)*.

Pertenecen a la familia de los espáridos. De cuerpo muy similar todos ellos, presentan un color rojizo en la parte dorsal, que se vuelve plateado según desciende hacia el vientre. A veces tienen unas manchas azuladas en la cabeza. La tonalidad rojiza se oscurece a medida que el pez aumenta su edad. La breca, el besugo y el aligote bogaravero se encuentran en zonas rocosas costeras y en fondos areno-

El pajel es una especie sumamente apreciada por su delicada carne, ya sea cocinada al horno o a la brasa. Es un pez más propio de la pesca desde embarcación, ya que habita fondos rocosos situados entre 60 y 200 m de profundidad

sos, aunque algo más alejados de la costa. El aligote prefiere fondos arenosos o fangosos más cercanos a las orillas. Comen crustáceos y moluscos. El besugo se reproduce de enero a mayo; la breca, de abril a mayo, y el aligote, en verano y otoño.

El aligote es el más fácil de pescar con caña desde las playas lanzando largo y a fondo. Las otras especies, sobre todo adultas, son más apropiadas para pesca al volantín en embarcación parada o a la deriva. Los cebos más adecuados son el mejillón, el berberecho y la quisquilla, aunque a veces entran al gusano. La picada es fuerte e insistente y, una vez enganchados, ofrecen mucha lucha y resistencia.

Son de carne rica y apreciada, no sólo por la pesca deportiva sino por la profesional, dado el buen precio y la buena salida que tiene en el mercado. Todos ellos se preparan como los besugos: a la parrilla, a la plancha o a la brasa. Es muy conocida la preparación denominada besugo a la espalda.

Pargo

Su nombre científico es *Sparus pagrus*. En castellano, además, se conoce como bocinegro, y en catalán, *pagre* o *pàguera*.

Pertenece a la familia de los espáridos. De cuerpo oblongo, coloración rosácea y perfil muy pronunciado, abunda en el Mediterráneo y en invierno habita en grandes profundidades (100 o 200 m), pero en verano se acerca a la costa para frezar. Se alimenta de gusanos, moluscos y crustáceos, incluso de algas. Posee grandes dientes y alcanza, de adulto, casi 1 m de longitud.

Con caña desde la costa sólo se logra en verano, cuando acude a la reproducción, pues en invierno permanece en alta mar y sólo se consigue desde embarcación. Los mejores cebos son gusanos o moluscos. Su picada es muy brusca e insistente, y al desengancharlo, debe vigilarse su boca (mejor esperar a que muera). También hay que tener cuidado con las espinas de su aleta dorsal.

Dentón

Su nombre científico es *Dentex dentex*. También se denomina capitán, urta, sama dorada y pargo testuz, y en catalán, *dèntol* o *dentó*.

De la familia de los espáridos, es el pez que mayor volumen alcanza entre ellos: supera a veces 1 m de longitud y 10 kg de peso. Posee cabeza grande y agresiva, con grandes ojos y fuerte dentición. Su lomo muestra tonalidades azuladas, los costados son

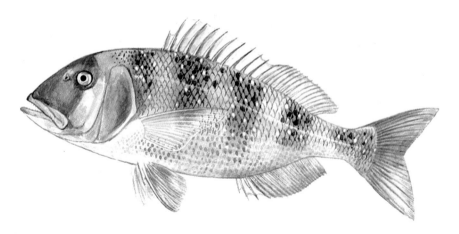

El dentón pertenece a la familia de los espáridos, como el sargo y la dorada. Algunos ejemplares pueden alcanzar considerable tamaño, aunque su captura es más propia en la modalidad de pesca desde embarcación

plateados, y el vientre y las aletas de la parte inferior, rojizos. Muy voraz y agresivo, se alimenta de pescado azul, molusco, cefalópodos y cualquier animal vivo de los fondos marinos, pues es un gran depredador. Permanece a considerable profundidad, pero en primavera y verano se acerca a las zonas costeras a frezar.

Sólo se puede pescar con caña en las épocas en que acude a realizar la puesta de huevos. Después del verano, se aleja a grandes profundidades y sólo se logra desde embarcación, a veces al curricán, y otras, en parada o a la deriva, y en pesca submarina. De fuerte picada, muestra mucha lucha y resistencia, sobre todo si es grande, ya que no abandona ni en los momentos finales. Es conveniente sacarlo con salabre para no perderlo en el último momento a causa del rompiente de las olas. Se consigue también con señuelos y rapalas. Al desengancharlo, vigile su boca, pues a algunos pescadores les ha costado perder un dedo. (recuerde que se llama «dentón»). Tome precauciones con las espinas de su aleta dorsal (mejor esperar a que muera).

Se adapta bien en acuario y es uno de los pescados criados mediante acuicultura. De carne fina y sabrosa, constituye una captura muy apreciada por la pesca deportiva y profesional debido a su buena salida en el mercado. Admite los mismos guisos que la dorada, y es muy bueno a la parrilla, a la plancha y, sobre todo, a la brasa.

Oblada

Su nombre científico es *Oblada melanura*. También se denomina chepa, chopa y galana, y en Andalucía, doblada.

De la familia de los espáridos, posee cuerpo ovalado, boca pequeña, ojos grandes y una mancha oscura al inicio de la cola. Apenas supera 30 cm de longitud. Se encuentra en playas que alternan con rocas y vegetación, en las zonas cercanas a éstas, y aún más en las propias zonas rocosas con vegetación, pues alterna la alimentación herbívora con moluscos y crustáceos. Su reproducción se produce de abril a mayo.

Chopa

Su nombre científico es *Spondyliosoma cantharus*. En castellano se denomina también jargueta y pañoso; en catalán, *càntara* o *cantera*, y patena en la Comunidad Valenciana.

Es un pez teleósteo de la familia de los espáridos, de forma similar a la dorada, aunque se diferencia por el color, pues posee una serie de rayas amplias de tono azulado oscuro, que se extienden de las aletas dorsales hacia el vientre. Habita en la zona litoral, en pequeños bancos, y en cualquier tipo de fondo: roca, arena, vegetación o algas.

Las zonas arenosas son preferidas más por los machos, aunque constituye una especie hermafrodita (primero produce gametos femeninos, y

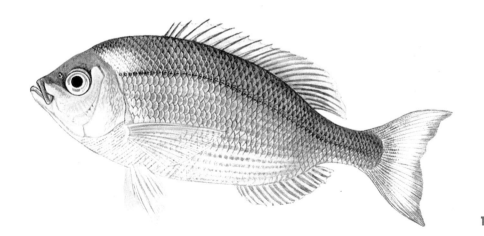

luego, masculinos). Por tanto, los machos son de mayor tamaño, aunque apenas superan el medio metro de longitud y los 4 kg de peso como máximo. Sigue una alimentación carnívora y pone los huevos en primavera, hacia el mes de mayo, escarbando en la arena.

Se pesca en lanzadas largas y a fondo, pues no se acerca demasiado a la orilla. Su cebo preferido son los moluscos. Le encantan berberechos, mejillones y navajas, y también sardinas, gusanos y quisquillas.

Vive en los acuarios, e incluso se reproduce en ellos. Su carne no es muy apreciada en el mercado.

Salema o salpa

Su nombre científico es *Sarpa salpa*. En castellano también se denomina sopa o chapeta; en catalán, *saupa*, y en vasco, *salbiya*.

De la familia de los espáridos, muestra su misma forma y unas seis rayas transversales de color amarillo, extendidas de la cabeza a la cola. Fundamentalmente es un pez herbívoro, por lo que suele abundar en playas o, sobre todo, zonas rocosas, con algas y vegetación, aunque no desprecia bocados carnívoros. Prefiere las aguas tranquilas y se introduce en ensenadas y puertos. Alcanza hasta 50 cm de longitud y se reproduce de septiembre a octubre.

Puede cogerse con gusano y otros cebos aunque sea un herbívoro. Es un pez de picada fuerte, luchador, gregario y móvil, que también entra a las algas y a gajos de naranjas y mandarinas.

Sus tripas huelen mal porque fermentan las algas que come, por lo que su carne no es muy apreciada. Sin embargo, una vez limpias las entrañas (mejor si se hace nada más capturarlo), es comestible.

Salmonete

Su nombre científico es *Mullus barbatus* (salmonete de arena) o *Mullus surmuletus* (salmonete de roca). En Cataluña y la Comunidad Valenciana se denomina *moll*, y *barbarin* en el País Vasco.

De la familia de los múlidos, tiene un cuerpo oblongo y habita tanto cerca de las orillas como a profundidades superiores a 100 m. Su reproducción se produce de abril a agosto en el Mediterráneo y de julio a septiembre en el Atlántico y el Cantábrico. El color rojizo intenso que presenta en la pescadería está causado por la caída de sus frágiles escamas, pues posee un tono rosáceo pardusco dorado, aunque experimenta mimetismo según su hábitat.

Los salmonetes son una especie muy apreciada y ampliamente comercializada en todos los mercados, tanto litorales como del interior

Posee dos barbas tras el labio inferior de su boca, que utiliza como instrumento táctil y le sirven para detectar el alimento. No supera el medio metro de longitud.

Es un pez fácil de lograr con caña desde el litoral, en zonas donde exista roca con vegetación (salmonete de roca) o arena con vegetación (salmonete de arena). Huye del calor y busca aguas profundas, o incluso se esconde mientras luce el sol, por lo que es muy propio del ocaso y de los días nubla-

dos. Pica a la lombriz, gusanos, crustáceos, moluscos y grandes tallas de sardina, pez muerto y pez vivo. Su picada es muy suave y, a veces, el pescador ni siquiera la percibe, sino que encuentra la pieza enganchada al recuperar para comprobar la existencia de cebo.

Su carne, muy sabrosa, aunque abundante de espinas, se cotiza en el mercado. También se cría en acuicultura marina y es un pez que se adapta a los acuarios con agua de mar, especialmente mientras aún es jóven. Puede comerse frito, a la plancha, a la brasa y en múltiples guisos, como el famoso *arròs amb moll* de la costa levantina.

Corvinas

Su nombre científico es *Argyrosomus regius*, la corvina; *Sciaena umbra*, el corvallo, y *Umbrina cirrosa*, el verrugato. Genéricamente se denominan corvas o corvinas, pues aunque son tres peces diferentes, su aspecto exterior y su hábitat son similares. También se denominan cuervos de mar.

El corballo, en catalán, se conoce como *escorbai* o *corball de roca;* corball, en la zona levantina; corvina, en Andalucía; corva o corballo, en Galicia y Asturias, y *burriota*, en el País Vasco. A veces, a la corvina se la conoce como corballina y pardilleja, y en catalán, *corball reig* o *reig*. Verrugato, es el nombre que domina en Asturias y Galicia, y en el País Vasco, *burriota* o *gurbiya*. Como vemos, los nombres se aplican de manera indistinta para estas tres especies que describiremos con el nombre general de corvas o corvinas. Se conocen incluso como peces roncadores o peces tambor porque emiten ciertos sonidos con su vejiga natatoria, audibles a bastante distancia.

Pertenecen a la familia de los esciénidos y tienen un cuerpo arqueado de color plateado grisáceo; en la parte dorsal muestran una zona muy

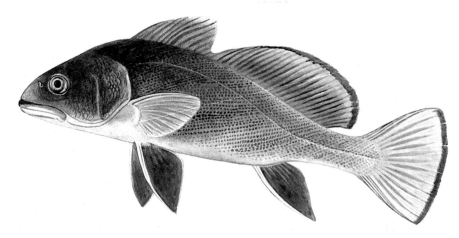

La especie *S. hololepidotus* alcanza 70 a 150 cm de longitud y pesa como máximo 50 kg. Vive en el Mediterráneo y en el Atlántico, cerca de las costas africanas, hasta Angola

La pesca desde arenales y playas

pronunciada, como una especie de joroba. Prefieren las aguas no profundas con fondos arenosos: desembocaduras de ríos y estuarios, que a veces remontan varios kilómetros. Peces muy móviles y viajeros, se encuentran en cualquier fondo arenoso (su hábitat preferido), rocoso o vegetal, aunque el verrugato es algo más sedentario. Se reproduce de mayo a julio. El corvallo no suele superar el medio metro de longitud y los 4 kg de peso, y el verrugato, 1 m de longitud y 10 kg de peso. Estos dos son los que muestran una zona dorsal más elevada. La auténtica corvina tiene una «joroba» menos pronunciada, se parece más a la lubina y llega, en casos excepcionales, a 2 m de longitud y 50 kg de peso.

La pesca de las corvinas es muy deportiva por la resistencia que muestran una vez ensartados en el anzuelo. Se encuentran en zonas playeras, especialmente después de lluvias, o en la desembocadura de los ríos. Es uno de los peces de mayor tamaño que puede capturarse en la pesca con caña desde la costa. También se hallan en zonas rocosas y con vegetación, pues permanecen en constante movimiento en busca de alimento. Caen a la lombriz, especialmente el verrugato, y más aún con crustáceos, sepias, calamares y otros peces. La corvina y el corvallo son grandes consumidores de múgiles pequeños.

Su carne es fina y buena, más valorada en el Cantábrico que en el Mediterráneo, especialmente en el País Vasco. Es algo mejor la carne de corvina que la de corvallo y la de verrugato. Admite preparados y guisos similares a los de la lubina.

Cuidado al desengancharlo por su boca y a las espinas de su aleta dorsal, pues a algunos pescadores les ha costado perder un dedo.

Lenguado

Su nombre técnico es *Solea vulgaris* y recibe también el nombre de solea o suela.

Pertenece a la familia de los pleurotecnios y es un pescado plano oval, de dorso gris oscuro y blanco, ligeramente grisáceo en la parte ventral. Prefiere aguas templadas y fondos de arena con vegetación. Alcanza unos 75 cm de longitud. Pica a gusanos, mejillones, berberechos y sardinas, y cae con anzuelos no demasiado grandes, pues su boca es pequeña.

De carne muy sabrosa y apreciada, obtiene un buen precio en el mercado. Puede elaborarse de muchas formas, incluso frito o a la plancha.

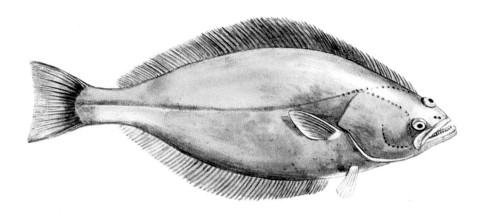

Vista frontal mostrando la disposición de las aletas y la asimetría del cuerpo

Otros peces planos

Pescando desde la playa es fácil pescar otros peces planos, amantes de los fondos arenosos, donde se entierran dejando los ojos fuera. Son piezas que a veces, cuando recuperamos la línea, los traemos en el anzuelo sin haber percibido su picada, que es muy suave. Una vez caídos, se entierran y quedan quietos, sin dar tirones y sin que la cimera experimente el menor movimiento. No suelen luchar al rebobinar. A veces, se nota la picada, pero se produce porque el pez lleva ya tiempo enganchado y, cuando el bocado alcanza su estómago, intenta nadar a otro lugar en busca de más alimento, y entonces transmite el movimiento al puntero.

Un pez plano es la solla *(Pleuronectes platessa)*. En Cataluña, Baleares y Comunidad Valenciana se conoce por *palaia*, y en Andalucía, como platija, aunque en realidad la platija es la especie *Pleuronectes flesus*, un pez muy similar. La principal diferencia radica en que la solla, además de alcanzar mayor tamaño, lleva pintas y unos tubérculos óseos en la cabeza, una especie de cresta, de las cuales carece la platija.

La auténtica platija a veces remonta ríos durante varios kilómetros y se encuentra a gusto en aguas salobres de albuferas y lagunas cercanas al mar, mientras que la solla siempre vive en aguas marinas. Se reproduce en invierno y come gusanos, peces, crustáceos y marisco. Su carne es de

La pesca desde arenales y playas

buena calidad; se prepara frita si son pequeños, normalmente rebozados en harina, y a la plancha o a la brasa si son ejemplares grandes. También admite guisos si se saca en filetes.

La acedia o acevia (*Dicologoglossa cuneata*) a veces se la confunde también con la platija, pero su espalda es parda, con manchas amarillas, y tiene los ojos más juntos. Alcanza más de 1 m de longitud en aguas atlánticas, donde es más abundante, pues escasea en el Mediterráneo, salvo en las cercanías del es-

trecho de Gibraltar. Su carne permite las mismas preparaciones gastronómicas que la platija y la solla.

La poda o gallo se denomina científicamente *Zeus faber;* en Cataluña, *pedaç;* en la Comunidad Valenciana, *rèmol,* y en Andalucía, roagallo. Es muy costero, se alimenta de invertebrados y peces y se reproduce de mayo a agosto. De carne apreciada y usos gastronómicos muy similares a los de la solla.

El rémol, rombo, escamudo o rapante (*Scophtalmus rhombus*), cono-

El congrio es un ejemplar muy abundante en espigones, así como en todos los fondos rocosos, aunque estén muy cercanos a la costa. Entran muy bien con sardina de cebo y no debe olvidarse la utilización de un pie de acero, ya que su mordedura es muy poderosa

cido como *rèmol* o *rom* en Cataluña, Baleares y Comunidad Valenciana, y corujo en Galicia, se alimenta de peces y crustáceos y se reproduce de marzo a abril. Su carne es muy apreciada y muestra ciertas similitudes con el rodaballo, por el cual muchas veces se sustituye en la cocina.

El rodaballo *(Scophtalmus maximus)* también suele denominarse escamado y corujo en castellano, y en catalán, *rèmol de petxines* o *rèmol empetxinat.* Fuera del agua, es de color castaño oscuro y tiene el dorso rugoso, lleno de tubérculos, aunque dentro del mar experimenta mimetismo de color con las zonas donde se encuentra. Se alimenta de peces, moluscos y crustáceos. Es el pez plano de mayor tamaño en la penín-

sula Ibérica, superando a veces 1 m de longitud y 20 kg de peso. No es de fácil captura, y todavía menos desde la costa. De carne muy apreciada y valorada en el mercado, se cultiva en granjas marinas y permite múltiples formas de cocinar.

Mújol

El mújol *(Mugil cephalus)* se conoce como pardete o lisa negrona, y en Andalucía, como cabezudo. En catalán se denomina *cap gros, llisera llobarrera* o *llisera tastona.*

De la familia de los mugílidos, tiene un cuerpo alargado, cabeza fina, dorso gris muy oscuro (que lo distingue de las lisas) que clarea hacia un vientre plateado, y cinco o seis rayas oscuras de boca a cola. Presenta fuer-

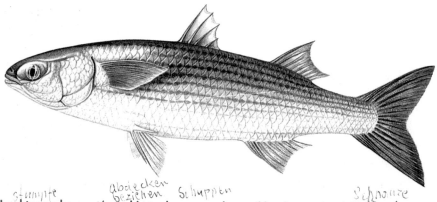

La obtusa cabeza está recubierta de escamas hasta el borde anterior del hocico. Éstas son cada vez más pequeñas, desde el cuerpo hacia el extremo de la cabeza, aumentando sin embargo el número de filas

tes espinas en su primera aleta dorsal y una especie de doble párpado en el ojo. Muy abundante en el Mediterráneo, prefiere fondos arenosos (mejor si son fangosos), pero no es raro encontrarlo en lagos salitrosos, albuferas, rieras y estuarios, remontando incluso los ríos durante varios kilómetros. También abunda en las salidas de aguas residuales. Se reproduce en primavera y verano, y llega a alcanzar más de 1 m de longitud. Durante toda su vida constituye un pez gregario, en bandadas que suelen nadar en aguas abiertas en forma de V.

Suele pescarse fundamentalmente a la boya, cebando la zona donde va a colocarse el anzuelo, aunque a veces cae alguno practicando a fondo. Pica a todo, incluso al pan. Prefiere las masas, sobre todo las elaboradas con harina y tripa de sardina, aunque no siempre es fácil de enganchar porque, cuando encuentra algo raro, suele escupir lo que muerde. Muy voraz con gusanos y crustáceos, le encanta el mejillón y muerde muy bien trozos de pescado o sardina. Es un pez desconfiado que huye de cualquier ruido o sombra. Si ve el anzuelo, recela, por lo que éste debe quedar totalmente tapado por el cebo. Su boca reducida le hace caer sobre todo en anzuelos pequeños. Al desenganchar, hay que vigilar la aleta dorsal primera, sobre todo si el animal es de buen tamaño.

Su carne es comestible, algo grasienta, y su calidad depende de su hábitat: mejor los peces de aguas limpias y arenosas, que los de zonas fangosas o sucias. Permite la fritura y, sobre todo, el horno y la parrilla. También se usa como base para caldo, sopa o fondos de caldero, como el arroz de caldero de mújol, famoso en la costa murciana del mar Menor y el cabo de Palos.

Lisas

Reciben este nombre distintas especies de pez, como el galupe (*Mugil auratus*) o lisa dorada; en catalán, *llisera galta*, y en vasco, *rotja korkoi* o *dabeta*. También existe el capitón, morragute o lisa de cabeza plana (*Mugil capito*), en catalán, *llisera de cap pla* o *caluga negra* (en Tarragona suele denominarse *llisa de roquer*). En Baleares, especialmente en Menorca, se habla de *capçut*; en Asturias y Galicia, morragute o muble, y en el País Vasco, *lizarra*. Otras especies son el corcón, albur o mújol blanco (*Mugil provensalis*), en catalán, *caluga blanca* o *llisera vera*, y el labión o caluga (*Mugil labeo*). Todas estas especies son muy parecidas, con pequeñas variaciones de forma y color, por lo

La herrera es sumamente abundante, en los meses estivales, en las zonas próximas a las playas, en donde acude a buscar su alimento. Su abundancia hace las delicias del pescador aficionado, que puede llegar a capturar un buen número tras una jornada afortunada. En la foto se observa una herrera de tamaño medio, junto a dos jóvenes doradas

que en el habla popular se generalizan como «lisas».

Como los mújoles, las lisas pertenecen a la familia de los mugílidos y se distinguen de ellos por un dorso más claro o plateado y por su menor tamaño. El galupe tiene una mancha dorada en el opérculo, menos rayas transversales (unas cuatro), y es muy saltarín cuando cae en las redes, por lo que algunos lo denominan saltador. Es la lisa más abundante en España. El capitón, que carece de mancha en el opérculo, abunda en el Mediterráneo. La lisa o mújol blanco tiene los labios más gruesos.

Todos viven en zonas poco profundas de fondo arenoso o fangoso, y nadan en grandes grupos, muchas veces contra la corriente. Se reproducen de otoño a invierno y llegan a alcanzar medio metro de longitud. Es muy abundante su presencia en el interior de puertos, albuferas y estuarios, y especialmente en primavera y verano, pueden remontar los ríos durante varios kilómetros.

Las artes y los sistemas de pesca son los mismos que en el caso del mújol y, por tanto, más apropiado el uso de la boya, cebando la zona donde va a colocarse el anzuelo.

Su carne, de peor calidad que la del mújol, no es muy apreciada aunque sí comestible y algo grasienta. La calidad también depende un poco de su hábitat: mejor los de aguas limpias y arenosas porque los que viven en zonas muy fangosas y sucias saben a barro. Las lisas permiten la fritura, el horno y la parrilla, y se usan para caldos, sopas y fondos de caldero.

Arañas

Vamos a considerar así a todos los miembros de la familia de los traquínidos, es decir, tanto la araña como el escorpión, el salvariego y la víbora de mar...

La araña (*Trachinus araneus*) se denomina, en catalán *aranya fragata* o *aranya de roca;* en Asturias y Galicia, araña o faneca brava, y en el País Vasco, *xabiron*. Llega a alcanzar medio metro de longitud y su presencia es frecuente en las zonas arenosas de las playas. Se alimenta de crustáceos, moluscos y peces, y se reproduce desde finales de verano hasta otoño.

El escorpión (*Trachinus draco*) se conoce en Cataluña como *aranya blanca;* en la Comunidad Valenciana, *aranya vera;* en Asturias y Galicia, salvareo o *peixe araño,* y en el País Vasco, *dragoi txiki.* Es de menor tamaño y algo más achatado que la araña, y no sobrepasa los 25 cm de longitud. Sólo aparece por las playas en verano, mientras que en invierno busca aguas más profundas. Se alimenta de gusanos, moluscos, crustáceos y peces. Pese a ser pequeño, es muy inquieto y peligroso, y tiene cierta habilidad para saltar sobre la mano cuando se coge para quitarle el anzuelo.

Las peligrosas arañas y sus espinas venenosas

El salvariego se denomina, científicamente, *Trachinus vipera*, y la víbora de mar, *Trachinus radiatus*.

Recuerde que todos los traquínidos son peces peligrosos porque poseen, en sus aletas dorsales y operculares, radios venenosos que en casos excepcionales han producido consecuencias fatales en animales de gran tamaño. Se entierran en las zonas arenosas y no es raro que los bañistas los pisen, por cuanto sólo dejan los ojos y las aletas dorsales fuera de la arena.

Lo mejor es matarlos y cortar las espinas venenosas nada más capturarlos. Si no lo ve claro, cambie la línea secundaria y espere a que mueran para cortar las espinas y desengancharlos. Ya hemos indicado que el veneno lo mantienen mientras están crudos, y que el mejor antídoto consiste en ponerse abundante amoníaco sobre la herida. A pesar de este eficaz remedio de primeros auxilios, debe acudirse al médico con la mayor celeridad.

Las arañas pican a la lombriz y a cualquier especie: calamar, gamba pelada, moluscos, etc. Suelen ser más activos los días de mar calmada, aunque también se cogen con algo de oleaje. Son de picada fuerte, incluso los ejemplares pequeños.

Su carne es blanca, fina y algo magra, aunque algo despreciada en general por su veneno. Es buena para preparar sopas, caldos y fondos de caldero. Al cocerse o guisarse, el veneno pierde su efectividad, por lo que no es preciso un cuidado especial a la hora de consumir la carne.

Gobios

En la costa española viven tres especies: el burro (*Gobio cruentus*), el chaparrudo (*Gobius niger*) y el gobio de arena (*Pomatoschistus minutus*). Normalmente, a todos se les llama gobios, burros, chaparrudos o cabezudos de forma genérica, sin distinguir uno de otro. En catalán sucede algo parecido, y se denominan *cabot* o *gobit*.

Los gobios son muy abundantes en cualquier tipo de fondo (rocoso, arenoso, vegetal, dentro de puertos...), siempre que sea en zonas no demasiado profundas, aunque admiten cierta profundidad en zonas rocosas o acantilados, pero siempre permanecen cerca de las piedras.

Su carne no posee valor alguno y al pescador deportivo, que busca mejores capturas, no le hace demasiada gracia que caiga en su anzuelo, lo cual es harto frecuente dada su gran población en la península Ibérica. Los gobios pueden utilizarse como cebo de pez vivo.

Palometas

Las distintas variedades pertenecen a la familia de los carángidos. La palometa blanca *(Lichia glauca)* llega a alcanzar 50 cm de longitud, y el palometón dorado *(Lichia amia)* unos 2 m. Tienen hábitats similares y parecidas costumbres alimenticias. La palometa blanca se denomina, en Cataluña, *sorell de penya o palomida xica;* en Asturias y Galicia, palomida, y en el País Vasco, *litxa.* Existe también una palometa roja en mares tropicales coralinos y una palometa negra o japuta, que en Cataluña denominan *castanyola o saputa;* castañola o paparda, en Asturias y Galicia, y *lampúa o papalardu,* en el País Vasco.

Las palometas presentan un cuerpo ovalado y suelen vivir en bancos numerosos. Desovan en primavera y a principios de verano cerca de la costa, y prefieren alimentarse con peces pelágicos.

Son especies más propias de pesca del curricán o desde escolleras y espigones que profundicen hacia el mar, aunque a veces se acerca a comer a la playa. También se pescan con lombriz en la playa cuando son jóvenes. Caen con sardina, caballa, boquerón o peces vivos, e incluso con cebo artificial, tanto si son jóvenes como si son adultos. La palometa es un animal de picada muy fuerte, luchador y batallador, que comienza a zigzaguear cuando se siente enganchado y puede cortar el sedal con los dientes. Al desenganchar, no hay que poner los dedos cerca de la boca ni pincharse con la aleta dorsal.

Da carne gustosa y apreciada, muy valorada por la pesca deportiva y por la profesional.

Anjoba

Científicamente denominada *Pomatomus saltatrix,* en castellano se llama también chova, lirio, dorado, cortahilos o cortanzuelos; en catalán, *tallahams,* y en valenciano, *golfàs.*

Pez pelágico de la familia de los pomatóomidos, posee un dorso gris verdoso y una parte ventral plateada, con escamas pequeñas. Gran depredador, ataca a toda especie marina viva, e incluso a la no viviente, si se mueve. Nada en grandes bandadas, a fondo, a media altura o en superficie. Se reproduce en el mes de mayo y supera, en ocasiones, 1 m de longitud y 15 o 20 kg de peso.

Se pesca en la costa, pues es un animal muy viajero y acude a zonas playeras, escolleras e incluso al interior de puertos en busca de otros peces para alimentarse. Suele concentrarse en la desembocadura de ríos o albuferas, pero es más frecuente conseguirlo en la pesca al curricán.

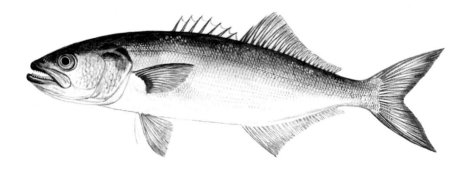

La anjoba es una especie muy apreciada no por su carne, sino por la combatividad que presenta al sentirse prendida del anzuelo. Da grandes saltos por encima de la superficie del agua para desprenderse del mismo
Su captura es más propia de la pesca desde embarcación, aunque en verano suele llegar a pocos metros de la playa persiguiendo bancos de sardina o boquerón

Se denomina también cortahilos o cortanzuelos precisamente por su habilidad en este cometido, por lo que las líneas secundarias deben ser alambradas para capturarlo. Pez de gran lucha y emoción, hay que fatigarlo para obtener éxito. Es muy nadador y, cuando se siente enganchado, zigzaguea o salta fuera del agua para intentar soltarse. Entra al pescado troceado o entero, al pez vivo y a los señuelos. Cuidado al desengancharlo con las manos, pues constituye una de las especies que más disgustos da a los pescadores.

Raó

Científicamente denominado *Xyrichthys novacula*, también se conoce en Andalucía por galán. En la costa catalana, balear y valenciana suelen llamarlo *llorito ros* por el parecido de su cabeza con el pico de los loros.

Pertenece a la familia de los lábridos, de cuerpo comprimido y con la reseñada característica de semejar el pico de un loro. Habita en fondos arenosos, desde orillas algo profundas a zonas con unos 100 m de profundidad. Es muy voraz de todo tipo de seres marinos vivos, como erizos, estrellas de mar, peces, moluscos y crustáceos. Se reproduce en verano y alcanza una longitud máxima de medio metro.

Se pesca con lanzadas lejanas y a fondo, pues es una especie que requiere aguas con más de 3 m de profundidad. Se obtienen mayores capturas en embarcación, a la deriva o anclada. Prefiere cebos con los alimentos anteriormente indicados y anzuelos menores, pues su boca es pequeña.

Otros peces

Hasta aquí hemos estudiado las especies de captura más frecuente cuando se pesca al lanzado a fondo desde la playa. Sin embargo, a veces se logran otras que, en teoría, no son propias de zonas arenosas: animales más propios de grandes profundidades pueden acercarse a la orilla por necesidades de reproducción o alimenticias. Por tanto, de vez en cuando es factible coger especies como la llapuga, la aguja, el pez piloto, el pez limón, el jurel, la caballa y el espentón, todos ellos peces pelágicos y, consecuentemente, más propios de la pesca al curricán. Cuando caen, acostumbran a ser ejemplares jóvenes.

En cuanto a la fauna de zonas rocosas, algunas especies, como el congrio y la morena, son difíciles de lograr desde la playa porque rara vez salen de su cueva. Otras se arriesgan a salir un poco más, aunque sean propias de roca. De hecho, entre los peces anteriormente mencionados, algunos no pertenecen a fondos arenosos, como el sargo, la mojarra o el raspallón, aunque también se capturan en estas aguas porque se mueven de forma constante, buscan alimento y, además, abundan en nuestras costas.

Otras especies se pescan porque desconocemos realmente el fondo donde cae el anzuelo: aunque en principio pesquemos en una playa de fina arena, quizá donde llega la línea secundaria existen algas, vegetación o grandes masas pétreas sumergidas. De ahí que, en ocasiones, se consigan tordos, julias, castañuelas, serranos, peces ballesta, gobios, cabrillas y los venenosos rascacios y escórporas.

Algunos atúnidos, peces pelágicos de las profundidades, se acercan a veces a la orilla persiguiendo grandes bancos de bogas, mújoles y lisas pequeñas, incluso jureles y caballas, que buscan las riberas para refugiarse. Así, aunque no sea frecuente, desde la playa se consiguen palometones dorados, melvas, bacoretas, bonitos o, en ocasiones excepcionales, atunes, albacoras o escualos como la pintarroja, la musola, el alitán, la tintorera, la venenosa mielga y el marrajo. Normalmente, son ejemplares grandes para la pesca con caña, pero jóvenes y pequeños para su especie, pues alcanzan una notable longitud y peso.

CAPÍTULO 9

Espíritu deportivo

Espero que, en las líneas que ha leído hasta el momento, haya quedado imbuido del carácter deportivo que debe tener la actividad pesquera no profesional. La lucha con el pez tiene que ser siempre una contienda regida por el arte y la habilidad, no por trucos sucios ni por el afán avaricioso de esquilmar los mares. Debemos devolver vivos al mar las minitallas y aquellos animales no comestibles ni útiles como cebo vivo o muerto.

Han aparecido sondas portátiles que pueden detectar dónde se encuentra la fauna. Ya existían antes para la pesca profesional; luego se empezaron a utilizar para la pesca deportiva en embarcación para el curricán de altura, y ahora existen sondas pequeñas, fáciles de llevar, para la práctica con caña.

Este adelanto tecnológico, aunque pueda ser más o menos eficaz, creo que le quita el encanto deportivo y merma el aspecto mágico, caprichoso y azaroso de la pesca. Al deportista, aunque le guste capturar mucho, no debe moverle un ansia de agotar el mar de seres vivos. Además, haciéndolo desde la playa, no es fácil utilizarlas a causa de las olas.

Clubes y asociaciones

Ya dije al principio que quería dar a este libro cierto aire de tertulia, porque las tertulias siempre fueron costumbre marinera y pescadora. Al fin y al cabo, el deseo de aunar esfuerzos e intercambiar experiencias promovió, en el siglo XIX, la creación de los primeros clubes de pescadores. De esa época se conocen los primeros señuelos y carretes rudimentarios de lanzado, así como las primeras reglamentaciones para precisar el carácter deportivo de la pesca, defender la renovación y freza de los animales, y controlar posibles excesos.

Clubes y asociaciones constituyen lugares idóneos para comentar cómo elegir un buen lugar, para precisar los días buenos y las mejores horas, para observar las diferencias entre los distintos meses, para conocer la influencia de las mareas y de la luna, para saber las características de los fondos y acertar con los pertrechos que debemos llevar.

Si existe alguna tertulia de pescadores, club o asociación donde usted practica, puede ser bueno frecuentarlos. Si no, hágase cliente habitual de una o dos tiendas especializadas, que suelen ser buenos lugares para informarse y donde surgen tertulias espontáneas.

Cuestiones legales

Insisto en recordar que no se puede pescar, en la playa, durante los meses y horas de afluencia de bañistas. Queda hacerlo en las horas y meses sin presencia de éstos, y en playas más salvajes, no acondicionadas para el baño, aunque en estas últimas la infraestructura sea normalmente deficiente. El reglamento de la Comunidad Valenciana (Decreto 17/1992, de 3 de febrero, por el cual se aprueba el Reglamento de Pesca Marítima de Recreo) señala, entre las prohibiciones expresas, «pescar a menos de 250 m de la orilla de las playas frecuentadas por bañistas».

Como indicamos, existe una legislación que permite un máximo de dos aparejos por persona, y fuimos

severos al enjuiciar que tan nimia cantidad es excesivamente rigurosa si no considera dónde se está pescando, qué tipo de pesca se practica y que clase de cebo o táctica se emplea. Al respecto, un buen conocedor de la actividad hubiera pensado que no es lo mismo pescar dentro de los puertos o en lugares concurridos, donde dos cañas como máximo quizá sea oportuno, que en playas, espigones o acantilados, en donde puede ser factible una tercera caña. En todo caso, sea consciente que la autoridad puede requisarle algún aparejo de más.

En la mayoría de autonomías del Estado Español, las competencias de pesca, profesional o deportiva, están cedidas o transferidas. En la Comunidad Valenciana, por ejemplo, se rigen por la Ley 2/1994, de 18 de abril, y por el reglamento antes mencionado, que en su artículo 15º señala además que no puede haber más de dos aparejos por persona, no se puede pescar en zonas acotadas o reservadas y no se pueden coger peces de tallas inferiores a las previstas ni de especies protegidas.

Cuestiones de educación

Igual que hemos querido imbuirle el espíritu deportivo de esta práctica, queremos señalar que el pescador debe ser educado. ¿Se acuerda, por ejemplo, de cuando aconsejábamos alternar la práctica pesquera con la escucha de música o de la radio, pero pedíamos que llevara aparatos con auriculares para no molestar al vecino? Eso es educación.

Educación es también mantener el carácter deportivo que debe poseer siempre la actividad pesquera no profesional: pescar sólo para lograr un producto aprovechable gastronómicamente o como cebo, y devolver vivas al mar las minitallas. Si no puede conseguir que sobrevivan, tírelas a algún lugar donde sepa que su carne será aprovechada por otras especies: cangrejos, pulpos u otros peces.

Educación también consiste en ser un amante de la naturaleza (conservar limpio el entorno de pesca) y en mostrarse solidario con los pescadores vecinos, solidaridad que es espontánea en los buenos deportistas. Todos debemos colaborar, si es necesario, cuando alguien cercano saca una pieza respetable, y hacerlo aunque sintamos un poco de envidia. Debemos ser respetuosos con los otros pescadores, incluso con aquellos que no lo son con nosotros, lo que por regla general no suele ser corriente: prestar utensilios momen-

táneamente (un salabre para sacar una buena captura, tijeras, alicates...), o incluso dar algún elemento de los cuales vayamos bien provistos (un anzuelo más pequeño o más grande, algo de cebo, etc.).

Debe guardar la distancia entre cañas para evitar enredos de líneas, y lanzar de forma que no cruce con el material de otros colegas. Será bueno para ellos y para usted. En caso de traer pez, un enredo de líneas puede originar la pérdida de la pieza.

Educación es fijarse en que, al lanzar, no haya nadie cerca a quien podamos ensartar con el anzuelo o golpear con el plomo cuando llevamos la caña hacia atrás, así como comprobar que el lanzamiento no pueda alcanzar a alguien que se encuentre en el agua bañándose o practicando pesca submarina.

Entre caña y caña

En el lanzado ligero (muy apropiado para lubinas, bailas, corvinas y otras especies), en el cual permanecemos todo el tiempo con la caña en la mano lanzando y recogiendo, sólo podremos tener un aparejo, como ocurre en la pesca fluvial. Es una actividad en la que debe irse en busca de los peces y estar en continuo movimiento, aunque admite

lanzadas algo más largas que en agua dulce.

En el lanzado pesado es factible pescar con más de una caña, aunque recuerde que la ley no permite más de dos. Si no observa tan riguroso impedimento legal, puede ser factible una tercera, el número idóneo en mi opinión. Es difícil controlar más de tres cañas, sobre todo donde los peces disponen de cuevas con facilidad. Cuatro cañas ya representa un exceso, y un mayor número casi imposibilita la práctica de la pesca.

El medio ambiente

El pescador tiene que ser siempre respetuoso con el medio ambiente, sobre todo en el entorno donde ejerce su actividad. Si se trata de un lugar al que volvemos una y otra vez, nosotros seremos los más beneficiados. En playas, los ayuntamientos suelen encargarse de su limpieza, especialmente en los meses veraniegos, y dotarlas de papeleras, duchas, puestos de socorro, etc.

Nunca debe tirar bolsas de plástico y basuras al agua, ni dejarlas en la playa al marchar. Si lleva recipientes herméticos para transportar la comida o los aparejos, puede utilizarlos luego para recoger sus propios desperdicios: cajas vacías de cebo, restos de bebida y comida, papeles, hilos rotos, etc. Luego puede depositar tales residuos en las papeleras. Recuerde que los restos de hilos pueden ser engullidos por aves o peces, con lo que pueden asfixiarse.

Las bolsas de plástico, cuando caen al mar, se suelen llenar de líquido y hundir. Así se ensucian los fondos y constituyen un riesgo para anzuelos y plomos, que suelen liarse con ellas. Con un poco de oleaje, estas bolsas se remueven y causan enredos o pérdida de plomadas y anzuelos.

Si es usted sensible y educado, se dará cuenta de que todos los paisajes a orillas del mar son bellos, y piden ser respetados y mantenidos con limpieza. Si los ensucia, el primer perjudicado será usted mismo.

Es muy fácil recoger la basura en la propia bolsa de plástico que nos haya facilitado el comercio, y si existen residuos no producidos por nosotros, no cuesta tanto recogerlos si nos queda sitio. Algunos de estos desperdicios (pan, etc.) pueden servir de alimento a los peces. En autopsias realizadas a grandes ejemplares (cetáceos, delfines, etc.) muertos en extrañas circunstancias, se han encontrado notables cantidades de materiales plásticos en su estómago.

Pezqueñines no, gracias

«Pezqueñines no, gracias» es una frase acertada, como lo era el anuncio publicitario que servía para concienciar al consumidor y al pescador profesional de que la captura de alevines va en contra de los intereses de conservación de la fauna marítima y, por tanto, del futuro económico de esta actividad productiva. Dicha expresión es válida también para la pesca deportiva: debe capturar sólo para aprovechar el pescado, además de recrearse en su afición favorita.

Si son tan pequeños que no puede aprovecharlos y están vivos, devolverlos al mar constituye una especie de pesca sin muerte, como se ha puesto de moda en la pesca fluvial. Si se ha muerto el alevín al desenganchar, arrójelo al mar en un lugar oportuno para que al menos sirva de alimento a algún depredador.

Para pescar algunas especies, como gobios, salpas y mújoles, puede usarlas como cebo de pez vivo.

Libros y revistas

En los primeros párrafos de esta obra señalábamos que no es necesario obtener un título universitario para pescar en la costa, pero cuanto más sepamos, mejor.

Insisto en que lea libros de pesca como los de esta colección y compre alguna revista especializada. Estas publicaciones, generalmente mensuales, suelen dedicarse más a la pesca de río que de mar, pero siempre llevan alguna sección o artículo interesante para el pescador de playa. Constituyen un complemento a asociaciones, clubes deportivos y clubes náuticos.

La invasión del anglicismo

Terminaremos explicando algunos términos pesqueros que frecuentemente aparecen en los textos sobre la materia. Muchas veces, estos vocablos no se utilizan de manera unitaria, e incluso en algunas ocasiones, su significado se entiende de forma distinta.

Oirá hablar del surf casting; en traducción literal, to cast quiere decir «lanzar», y surf, «rompiente». Si aplicara la palabra de forma rigurosa, sólo se referiría al lanzado en los rompientes, ligero y a poca distancia. Sin embargo, no es así y ahora se aplica a cualquier lanzado, ligero o pesado, en rompientes o no, o mejor dicho, entendiendo por rompiente toda extensión de playa o costa. Verá textos que usan el término de manera estricta y literal, y otros que se refieren a cualquier pesca al lanzado. Incluso autores y periodistas especializados mantienen debates sobre el uso del término en uno u otro sentido.

Otro término dominante es spinning, es decir, la pesca desde tierra usando señuelos artificiales (mientras no sean de mosca, que entonces su nombre es fly cast). Es la aplicación más general, pero hay quien usa el vocablo como sinónimo de lanzado. Bait-cast es la pesca tipo spinning cuando, en vez de señuelo, se usa cebo natural.

Casting se emplea para el lanzado que busca un lugar concreto donde se supone que existe abundancia de peces, y no el lanzado al azar. Otros autores lo usan para referirse a cualquier tipo de lanzado, en traducción literal del inglés.

Trolling se aplica a la pesca practicada desde embarcación, lo que siempre se conoció como cacea (el verdadero término castellano para la pesca con el anzuelo en constante movimiento) y, más tarde, como curricán (galicismo procedente de *curricane*). El diccionario de la lengua castellana define cacea no como la pesca desde embarcación en marcha, sino como «aparejo de pesca de un solo anzuelo». Para algunos, *trolling* se refiere también a pescar desde tierra con señuelo y constante recuperación, una vez el señuelo llega al fondo.

En definitiva, aunque existe la tendencia a imponer vocablos de procedencia extranjera, las lenguas castellana, gallega, catalana y vasca disponen de sus propios términos para definir las mismas prácticas. Por desgracia, el uso de términos ingleses y franceses en pesca es harto frecuente.

Hay que respetar el lenguaje castellano y las lenguas propias de los lugares donde se pesca. Si es forastero y acude a un lugar del Estado de habla no castellana, dé prioridad siempre a la lengua propia de ese sitio. Actuar así, además de ser inteligente y educado, constituye una experiencia muy enriquecedora. Los peces se designan con múltiples variedades léxicas, pero hay que respetar el nombre que emplean los lugareños.

El último deseo es, sencillamente, que usted lo pesque bien.

Especies protegidas y tallas mínimas de captura

Información práctica sobre tallas mínimas, licencias y zonas de pesca

Pesca marítima con caña

Tallas mínimas y especies permitidas

Todas las especies piscícolas marinas están permitidas. Recuerde el aficionado que una nécora, un percebe o una langosta, no son peces. El marisco está terminantemente prohibido. Para su recolección precisaremos de una licencia profesional de marisqueo.

Respecto a las tallas mínimas, las especies no comerciales –como son las que comprenden las familias de los blénidos, los lábridos, etc.– no contemplan ninguna restricción en cuanto a tamaño o volumen de capturas.

Las especies comerciales, como los serránidos o los espáridos en líneas generales, sí están sujetos a prescripción en cuanto a sus medidas mínimas, que varían, no obstante, de un lugar a otro.

Al margen de lo que establece la ley y es de obligatorio cumplimiento, las tallas mínimas las suele dictar el sentido común, y éste, nos dice que aunque el pez que hemos capturado sea "legal" en cuanto a su tamaño, lo mejor será soltarlo si no satisface "nuestros mínimos", que deberían ser siempre claramente superiores a los marcados por la ley.

Por tanto, si usted pesca, por ejemplo, un lubina de menos de 25 cm. suéltela, por mucho que la ley le diga que su talla mínima son 20 o 22 cm. según los casos, o mejor, según cada comunidad autónoma. Nuestro propósito no sólo es que usted aprenda a pescar, sino que aprenda a ser generoso, a perdonar la vida al animal que tanta diversión le ha proporcionado.

Esto no quita para que, dado que en la mar se pesca generalmente con cebo natural, y que es frecuente que el pez se trague el anzuelo y tengamos poco menos que abrirlo en canal para sacárselo, no adelantaremos mucho devolviendo al agua esa captura que no daba la talla, o no daba "nuestra talla".

Un pez muerto, probablemente, está en la sartén mejor que en ningún otro sitio, aunque si usted no lo va a comer –entonces sí– déselo a los cangrejos.

Volvemos a lo de siempre: un poco de sentido común y de conciencia para con el medio.

Licencias

Las licencias de pesca deportiva con caña en la mar, al igual que las continentales, varían en función de cada comunidad autónoma. Encontramos desde el caso gallego, en el que la pesca deportiva es libre, hasta el catalán, donde los permisos están sujetos a una serie de preceptos y restricciones considerables.

Las correspondientes consejerías de cada comunidad autónoma son competentes en este sentido, y por eso, si usted pretende ajustarse a la ley vigente, deberá obtener el permiso necesario para cada comunidad autónoma en la que pretenda pescar, salvo los casos –como el de Murcia y Valencia– en los que existe correspondencia entre una y otra. El precio y periodo de validez de las licencias también varía en cada comunidad.

No obstante, y en buena lógica, la pesca deportiva marina está mucho menos controlada que la continental. Esto significa, entre otras cosas, que si usted es respetuoso con el medio y captura sólo especies permitidas –todos los peces, por ejemplo– lo normal es que el personal garante de la ley no se interese por usted, incluso si no posee la licencia en cuestión.

Zonas de pesca y periodos hábiles

Todas las especies marinas pueden ser pescadas todo el año. Sin embargo, existen determinados tipos de peces que, por las razones que sea –migraciones, hábitos alimenticios, etc.–, podrán ser capturadas solamente durante algunos meses.

Respecto a las zonas permitidas de pesca, podríamos afirmar que todas lo son. La única excepción a esta norma general viene dada por algún tipo de exigencia –frecuentemente al margen de la conservación piscícola– en materia portuaria o afín. Esto es así por el trastorno que puede causar la pesca deportiva en ciertos lugares transitados, como son los puertos o lugares de atraque de embarcaciones, las playas con abundante población humana etc.

Aparte de estos espacios donde, obviamente, el ejercicio de la pesca supone, o bien un peligro −en el caso de que haya bañistas en las inmediaciones−, o bien un inconveniente para las embarcaciones, podemos pescar en todas las aguas de nuestras costas.

Pesca continental con caña

Licencias

La licencia de pesca le posibilita pescar, en principio, en todos los tramos libres de la comunidad autónoma donde ha sido expedida, utilizando la caña y los cebos permitidos en cada lugar y respetando la política de cupos de captura.

No se puede pescar a mano ni con otros instrumentos que no sean la caña y el sedal.

Respecto a las zonas acotadas y a los cupos de pesca, deberá demandar la información pertinente cuando solicite su licencia. Esta necesaria información también suele estar disponible en armerías, comercios de pesca, revistas especializadas, clubes locales etc.

Dado que cambia todos los años, lo mejor es conseguirla a principio de la temporada de salmónidos −que comienza en marzo−, que es la familia más sujeta a restricciones de todo tipo.

Esta información nos permitirá saber qué tramos de cada río son o no practicables para la pesca y en qué o con qué condiciones cada uno de ellos. Recuerde lo dicho al inicio respecto a que están sujetos a variaciones todos los años, por lo que la normativa de temporadas anteriores sólo podrá tener carácter orientativo.

Tallas mínimas

Cambian en función de los cotos y de las comunidades autónomas. Como dato orientativo podemos decir que en el salmón son 40 los centímetros mínimos, en la trucha entre 19 y 20, en el lucio 40, o en el bass 21.

Zonas de pesca

Salvo raras excepciones, todas las aguas, tanto continentales como marinas, de nuestro país son de dominio público. Pero eso no significa, como en el caso marino, que se pueda pescar en todas o casi todas. Muchos de los tramos continentales están acotados o vedados, especialmente en el caso de los salmónidos. Muchos de estos espacios

Especies protegidas y tallas mínimas de captura

173

acotados cambian, además, cada año.

Por tanto, repetimos, la única solución que nos queda es la de informarnos al principio de cada temporada, de dónde sí y dónde no se puede pescar, o en qué condiciones.

En nuestra geografía es cada vez más frecuente el fenómeno de los cotos sin muerte, o en los que sólo se puede pescar con artificial, o en los que se permite este o aquel natural, pero no se permite el otro con el que usted pretendía pescar.

En resumen, solicite toda la información que necesite antes de mojar las botas.

Periodos hábiles

Varían según las especies y, en algunos casos (los salmónidos), según las comunidades.

Con fines orientativos, la relación sería la siguiente:

Ciprínidos (Carpa, carpín, cacho, bermejuela, tenca, barbo etc.)
Todo el año
Lucio y bass
Todo el año
Anguila
Todo el año
Salmónidos
Consultar

Como referencia general, el periodo hábil de pesca coincide con la primavera (desde el primer domingo de marzo) y gran parte del verano (hasta julio en los salmones y hasta agosto en las truchas, aunque, por ejemplo, en los cotos de alta montaña la temporada comienza más tarde y pueden ser pescadas a veces hasta finales de septiembre). Estos datos son sólo orientativos. Antes de nada, debemos conocer las fechas exactas del inicio y fin de la temporada en cada uno de los cotos y lugares libres de pesca.

Disposiciones legales vigentes sobre tallas mínimas

Reglamento (CEE) 3094/86

Del Consejo del 7 de octubre, establece determinadas técnicas de conservación de los recursos pesqueros, entre las que se disponen tallas mínimas para diversas especies de interés pesquero.

Reglamento (CEE) 3760/1995

Del Consejo del 20 de diciembre, establece un régimen comunitario de la pesca y la acuicultura fija como objetivo general de la política común de pesca, la protección y conservación de los recursos marinos y la organización sobre una base sostenible de la explotación racional y responsable de los mismos en condiciones económicas apropiadas para el sector, teniendo en cuenta sus repercusiones en el ecosistema marino, y tomando en consideración en particular tanto las necesidades de los productores como de los consumidores.

Reglamento (CE) 1626/94

Del Consejo del 27 de junio, establece determinadas medidas técnicas de conservación de los recursos pesqueros en el Mediterráneo, medidas que comprenden las tallas mínimas de ciertas especies de peces, crustáceos y moluscos.

Real Decreto 560/1995

Del 7 de abril, por el que se establecen las tallas mínimas de determinadas especies pesqueras. Este Real Decreto reúne, en una sola disposición legal, las tallas mínimas de aplicación en las distintas áreas englobadas en el caladero nacional.

Medición de las tallas

La talla de los peces, crustáceos y moluscos, se medirá de conformidad con las disposiciones del apartado 2 del artículo 5 del citado *Reglamento (CEE) 3094/86.*

Los peces se miden desde el extremo del morro hasta el extremo de la aleta caudal extendida.

Tablas de tallas mínimas que rigen tanto para los pescadores profesionales como para los deportivos

Tallas mínimas de capturas para el caladero canario

Aguja, *Belone belone*		25 cm
Besugo, *Pagellus acarne*		12 kg
Boga, *Boops boops*		11 cm
Boquerón, *Engraulis encrasicholus*		9 cm

Bocinegro, *Pagrus pagrus*	33 cm	*Engraulis encrasicholus*	12 cm
Breca, *Pagellus erythrinus*	22 cm	Caballa, *Scomber sp.*	20 cm
Caballa, *Scomber japonicus*	18 cm	Carbonero, *Pollanchius virens*	35 cm
Cabrilla, *Serranus cabrilla*	15 cm	Centolla, *Maja squinado*	12 cm
Cabrilla, *Serranus atricauda*	15 cm	Cigala, *Nephrops norvegicus,*	
Chicharro, *Trachurus sp.*	12 cm	long. cefalotorax	2 cm
Chopa,		long. total	7 cm
Spondyliosoma cantharus	19 cm	Congrio, *Conger conger*	58 cm
Dentón, *Dentex macrophtalmus*	18 cm	Chopa,	
Dorada, *Sparus aurata*	19 cm	*Spondyliosoma cantharus*	23 cm
Lisa amarilla, *Mugil auratus*	14 cm	Dorada, *Sparus aurata*	19 cm
Lubina, *Decintrarchus labrax*	22 cm	Eglefino,	
Mero, *Epinephelus marginatus*	45 cm	*Melanogrammus aeglefinus*	30 cm
Pez tonton, *Brama brama*	16 cm	Gallos, *Lepidorhombus sp.*	20 cm
Patudo, *Thunnus thynnus*	6,4 kg	Jurel, *Trachrus trachurus*	15 cm
Rabil, *Thunnus albacares*	3,2 kg	Lenguado, *Solea vulgaris*	24 cm
Salema, *Sarpa salpa*	24 cm	Limanda, *Limanda limanda*	23 cm
Salmonete, *Mullus sp.*	15 cm	Lisas, *Mugil sp.*	22 cm
Sama, *Dentex filosus*	35 cm	Lubina, *Decintrarchus labrax*	36 cm
Sardina, *Sardina pilchardus*	11 cm	Maruca azul, *Molva dypterygia*	70 cm
Sargo, *Diplodus sargus*	22 cm	Maruca, *Molva molva*	63 cm
Tuna, *Thunnus obesus*	3,2 kg	Mendo limón, *Microstomus kitt*	25 cm
		Mendo,	

Tallas mínimas de capturas para el Cantábrico, noroeste y golfo de Cádiz

		Gliptocephalus cynoglossus	28 cm
Abadejo, *Pollachius pollachius*	30 cm	Merlán, *Merlangus merlangus*	23 cm
Acedia, *Dicologlossa cuneata*	15 cm	Merluza, *Merluccius merluccius*	27 cm
Aguja, *Belone belone*	25 cm	Palometa negra / Japuta,	
Arenque, *Clupea harengus*	20 cm	*Brama brama*	16 cm
Atún rojo, *Thunnus thynnus*	6,4 kg	Pargo, *Pagrus pagrus*	15 cm
Bacalao, *Gadus morhua*	35 cm	Patudo, *Thunnus obesus*	3,2 kg
Besugo, *Pagellus bogaraveo*	25 kg	Platija, *Platichthys flesus*	25 cm
Boga, *Boops boops*	11 cm	Rabil, *Thunnus albacares*	3,2 kg
Boquerón,		Remol, *Scopahthalmus rhombus*	30 cm
		Rodaballo, *Psetta maxima*	30 cm
		Sabalos, *Alosa sp.*	30 cm

Salema, *Sarda salpa*	15 cm
Salmón, *Salmo salar*	50 cm
Salmonete, *Mullus surmuletus*	15 cm
Sardina, *Sardina pilchardus*	11 cm
Solla, *Pleuronectes platessa*	25 cm
Trucha marisca / Reo,	
Salmo trutta	25 cm
Vieira, *Pecten maximus*	10 cm

Tallas mínimas de captura para el caladero mediterráneo

Aguja, *Belone belone*	25 cm
Almejas, *Venerupsis sp.*	2,5 cm
Atún rojo, *Thunnus thynnus*	70 cm / 6,64 kg
Bacaladilla,	
Micromesistius poutassou	15 cm
Boga, *Boops boops*	11 cm
Bogavante, *Homarus gammarus,*	
long. cefalotorax	8,5 cm
long. total	24 cm
Boquerón, *Engraulis encrasicholus*	9 cm
Caballa, *Scomber scombrus*	18 cm
Capellán/Mollera, *Trisopterus*	
minutus capelanus	11 cm
Cigala, *Nephrops norvegicus,*	
long. cefalotorax	2 cm
long. total	7 cm
Cherna, *Polyprion americanus*	45 cm
Chirla, *Venus sp.*	2,5 cm
Dorada, *Sparus aurata*	19 cm
Estornino, *Scomber japonicus*	18 cm
Gallo, *Lepidorhombus sp.*	15 cm
Jurel, *Trachrus trachurus*	12 cm
Langosta, *Palinuridae*	24 cm
Langostino, *Penaeus keraturus*	10 cm
Lenguado, *Solea vulgaris*	20 cm
Lisa, *Mugil sp.*	16 cm
Lubina, *Decintrarchus labrax*	23 cm
Mendo limón, *Microstomus kitt*	25 cm
Merluza, *Merluccius merluccius*	20 cm
Mero, *Epinephleus sp.*	45 cm
Pagel/Besugo, *Pagellus sp.*	12 cm
Palometa negra/Japuta,	
Brama brama	16 cm
Pargo, *Pagrus pagrus*	18 cm
Pez Espada, *Xiphias gladius*	120 cm
Rape, *Lophius sp.*	30 cm
Salema, *Sarpa salpa*	15 cm
Salmonetes, *Mullus sp.*	11 cm
Sardina, *Sardina pilchardus*	11 cm
Sagos, *Diplodus sp.*	15 cm
Vieira, *Pecten sp.*	10 cm